上海咖啡

SHANGHAI COFFEE

历 | 史 | 与 | 风 | 景

陈祖恩 著

上海人民出版社

序言

在茶的国度，咖啡是舶来品。上海开埠后，西风东渐，浓郁的咖啡，成为都市生活的时尚。

海派文化，就咖啡而言，既有欧风深染，亦有屋檐摩登。梧桐午后，斑驳之间，时尚与传统碰撞，延展着咖啡在魔都特有的历史与风景。

咖啡以香味与色泽风靡世界，亦与上海结不解之缘。作为文学沙龙的“上海咖啡馆”由留日学生创办，引领文人与青年好饮咖啡之风。西区咖啡，无论是霞飞路还是静安寺路，均为异国情调与时尚生活的象征，亦成为现代都市的摩登。人们在工作之余，踏进咖啡馆的旋门，那种悦目的色调，柔和的灯光，醉人的音乐，给人安详的情调，营造美好的心境，既是生活的品位，也是休闲的享受。以南京路为中心的十里洋场，以上海之“潮性”，融为“洋洋乎咖啡世界”。苏州河北岸的虹口，广东人集中地是“欢悦之街”，咖啡亦然。流落在上海的犹太人则在悲泣的音乐中品尝咖啡，以此消磨苦闷，也是流浪者对悲哀的发泄。日侨在上海，咖啡沿袭东瀛本味。上海咖啡，世界文化。都市的国际文化效应，在咖啡的苦涩中传播。

海派的都市时髦性，与地方特征的“潮性”相融合，特殊时期的咖啡街角，充满了市井流俗。曾经的咖啡一条街，滑稽戏与演唱会共存，咖啡西点与鱼生肉粥一桌，虽然号称是大众化的产物，却是当时社会的写照。至于街头的大众化咖啡摊，仅是夏季的风光一时，一旦秋风萧杀，便回归大饼油条的本色。

上海的影剧明星喜欢孵咖啡馆，他们也“孵”出不少咖啡馆，两个孵字，不同含义，道出明星生活的风情万种，亦是那个时代艺人生活的真实记录。

“因为咖啡，所以上海”。本书写上海咖啡初期的三十年，昔日咖啡的历史与风景，也是那个时代的生活与风情。咖啡文化的基因留在我

上海最早的西洋旅馆礼查饭店

外滩的气象塔

们的都市里，今天咖啡文化的发达便是一个明证。历史离我们不远，从文化的多样与包容中，可以寻味地道的城市文化根脉，从中可以读懂上海。

目录

西风东渐
话咖啡

上海咖啡 EXLIBRIS

早期的外滩

摩卡，1692 年

咖啡起源的传说

上海开埠后，最初的咖啡只是外国人在上海居家或聚会时的饮料之一，延绵已久。至二十世纪二十年代，才进入中国人社会，逐渐形成街区咖啡馆的规模。关于咖啡的传说与故事，当时有各种来自国外的版本，包含着时人对咖啡及其文化的理解，自然也记载了那个时代的历史记忆。

咖啡树有碧绿的叶子，白色的花朵，那香甜的气氛，引来许多美丽的蝴蝶飞舞。咖啡果原来是青色的，成熟以后，鲜红可爱。土著人把果子从树上摇落，收集起来，堆置一夜时光，果肉就变柔软，再放在桶里，用水淘洗，便可除去果肉，只留果仁。果仁在日光下晒干以后，用器皿把外皮等捣碎，再加以收集。干燥的果仁，即咖啡豆，仅有稍苦而带涩之味，并无芬芳，可是一经烘焙，就显出芳香。咖啡香味亦因焙法不同而异，香味最浓的咖啡，是用热力缓缓地焙成的，这种咖啡豆的颜色为淡褐色。咖啡豆经烘焙后，产生特别的香气，这种香气不是果仁里原有的，而是经烘焙后所产生的一种芳香油质。

最初咖啡的出产地，为非洲的埃塞俄比亚，时译阿比西尼亚。埃塞俄比亚位于非洲之角中心、红海西南的东非高原上，素有“非洲屋脊”之称。该国卡法省的咖啡最精良，咖啡（Caffee）的名称，大致是从“卡法”转变过来的。至于欧洲人喜欢的摩卡（Mocha）咖啡，

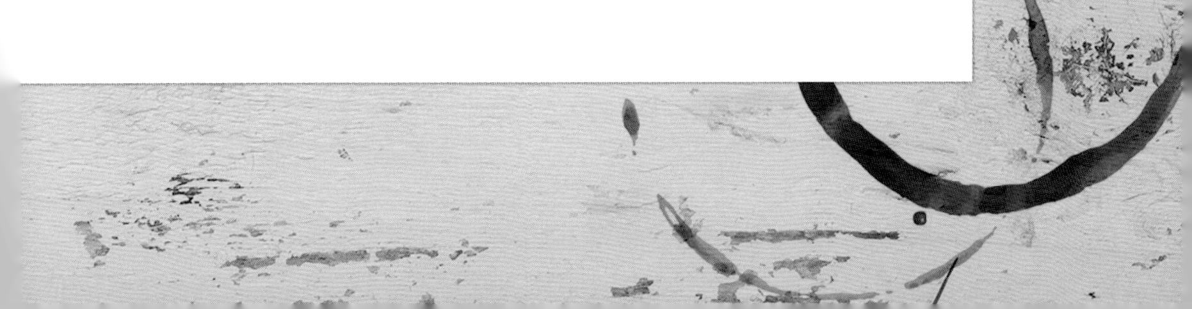

KATO
SOUVENIR
PAN-AMERICAN EXPOSITION

可追溯到阿拉伯半岛的摩卡港，其位于曼德海峡对面的也门，埃塞俄比亚咖啡通过摩卡港出口，因此称摩卡咖啡。这种现象与日本九州瓷器一样，佐贺的“有田烧”瓷器经过伊万里港出口，亦被称为“伊万里烧”。尽管摩卡港已经被废弃，但摩卡咖啡的美名奕世流芳。

作为饮料的咖啡，传说最初只有阿拉伯人敢喝，也有出征战士将果实作珍贵食物的。早在1450年前后，雅典的伊斯兰教法典学者在埃塞俄比亚旅行，体验了咖啡的效能：可驱除睡魔。特别是夜间举行宗教仪式时，以其可振奋精神。有个故事颇为有趣：一个虔诚的穆斯林，想要一夜不睡地念经，寻求不被睡魔所扰的秘方。他向先知穆罕默德祈祷，先知说此方问牧羊人即可，于是教徒便向牧羊人请教。牧羊人说，我哪能知道呢，不过可以告诉你，我的羊吃了那边小树上的果子以后，便一天到晚不想睡觉，像发疯似的。那个教徒就去看小树，这便是咖啡树。他采了几个果子回去煮汤吃，果然和羊一样，一夜不想睡觉。据说，这便是人类喝咖啡的起源。

首先把咖啡传入欧洲的是荷兰人，他们一面将其输入欧洲，一面在荷属东印度殖民地的爪哇巴达维亚试行种植。后来又把咖啡幼苗运到荷兰本土，因气候太冷，不得不放在温室培养。1714年，荷兰人向法国路易十四赠送他们在爪哇种植的咖啡苗，树苗被放在巴黎皇家植物园暖

爪哇的咖啡市场

欧洲的咖啡馆

房里种植。1727 年，荷兰人德·克利将咖啡苗移植到法国殖民地西印度群岛的马提尼克岛。该岛风景如画，被哥伦布称为世界上最美的“国家”。这是西半球第一棵户外种植的咖啡树，后来，咖啡树又从马提尼克岛传入海地、多米尼加、巴西、哥伦比亚、圭那亚等地，南美洲成为世界上最大的咖啡产地。

德·克利早年曾是马提尼克岛的海军军官，他把咖啡苗从法国移植到西印度群岛时，有一个惊心动魄的过程。帆船在航海中遇到逆风，船上淡水不够，乘客只能每天喝一杯，咖啡苗也浇不上水。德·克利自己忍渴，省出半杯水浇在咖啡幼苗上，就这样把咖啡苗运到西印度群岛。据记载，1777 年，马提尼克岛的咖啡树有近一千八百八十万棵。

咖啡是魅惑了欧洲人味觉的。德国人饮用咖啡始于 1670 年，不久就急速普遍。有一个颇为夸张的说法，德意志的许多丈夫，埋怨他们的太太喝咖啡到了破家荡产的地步，还说一些德意志娘们，若是地狱里有咖啡，她们宁愿不进天堂。然而，政府为支付咖啡的巨额外汇而发愁，1770 年发出禁止咖啡的告谕。1780 年，德意志的一个地方政府发出这样的布告：“亲爱的同胞们，我们的祖先都是喝啤酒的，所以一个个长得健康、愉快、活泼、聪明，你们为什么不喝啤酒，而要喝咖啡呢？快点改掉这个坏习惯罢。快

耶路撒冷街边咖啡摊

点丢掉你们家里一切沾有咖啡气的东西罢。让我们高呼：打倒咖啡！把咖啡赶出德意志去！喜喝咖啡的人，货物充公。”但是，充满香味的咖啡忍耐了所有的诽谤与苛刻的待遇而发育成长，终于赢得德国国民的嗜好，确立了正式地位。

1669 年，奥斯曼土耳其大使苏莱曼将咖啡视为“神奇的饮料”而传入巴黎，这位大使也迅速成为巴黎上流社会的宠儿，法国贵族认为能与苏莱曼大使共享一杯咖啡是一种莫大的荣幸。1672 年，有一位美洲人伯斯嘉开始出售咖啡，他手持咖啡在街头叫卖，“咖啡咖啡”的声音传遍巴黎，受到人们的欢迎。

同时，一家名为普罗科普的咖啡馆在巴黎出现，很快成为演员、作家、剧作家、音乐家的集合所，是真实的文学沙龙。即使在法国大革命的动乱时代，人们也在咖啡馆里讨论紧急的时事问题。接着，咖啡馆几乎在每条街上开设，到 1720 年前后，巴黎已有三百家上下的咖啡馆。馆内还有特别的房间以供游戏之用，当时最风行的是打弹子和玩纸牌。对于法国人来说，咖啡既可以代表一种刺激，也可以产生一种所谓清醒的醉态。据说大文豪福楼拜就是一位有名的咖啡嗜好者，有人说他一天所饮的咖啡不下五十杯。巴尔扎克喜欢咖啡，也是举世闻名的。其身躯伟大，有“快活之野猪”之称，亦自称为“文学界之拿破仑”。巴尔扎克晚年处境贫困，在巴黎居

法国文豪巴尔扎克

启蒙时代的法国咖啡

住在一个阁楼上，衣食不继，午餐时，常于桌上用粉笔画一碗盏，书写菜名数事，画饼充饥，聊以自嘲。他自闭于阁楼而嗜咖啡，日竟五十杯而不止。巴尔扎克与咖啡结不解之缘，终因贪嗜而死。有人说，巴尔扎克文章里的每个字都充满了咖啡汁，他一边写文章一边喝咖啡，可以说他的文章是在咖啡汁灌溉中长成的。为此，著名作家茅盾先生曾说过："咖啡是不可少的，不是巴尔扎克的《人间喜剧》全仗了二万几千杯咖啡？"

这些文学界的轶事都是咖啡的幸遇，如果咖啡生而有知，定必感"三生有幸"。

伦敦咖啡馆的发达，是崎岖而行的。十七世纪至十八世纪的伦敦咖啡馆，是英国文明史的灿烂一页。牛津的第一家咖啡馆于 1650 年开业，被称为"天使"。1652 年，一位希腊人在伦敦开设第一家咖啡馆。到 1660 年，伦敦的咖啡馆已经成为英国社会文化不可或缺的一部分。作家德莱登和其他朋友常在这里聚会。如果某一位诗人的一首诗在咖啡馆得到赞许，就一定会在"文坛"上得到好评。有人说，咖啡之与文人结不解缘，自有其相当的理由，从他们文章的体裁上就可以看出咖啡对于文人的影响。他们的文章富有神经质、透明如镜、感情激昂、发挥过度，正和咖啡的性质相似。

由于受到作家、艺术家、诗人、律师、政治家和哲学家的光顾，英国的咖啡馆被称为"便

咖啡为灵感的助长物

英国的咖啡馆

士大学”。便士虽是镑的辅币中币值最小的，但在英国文化中，找到便士象征好运。有一谚语说：“找一便士，捡起来，一整天你都会有好运。”同时，咖啡馆也成为伦敦的神经末梢，想刺探消息的人，想和政治家讨论问题的人，都非到那里不可。有人说：“在俱乐部尚未发达以前，咖啡店的历史就是英国的风俗道德、政治的历史。”有名的文学家以咖啡馆作为写作的据点，英国文学最杰出的时期，正是咖啡馆繁荣的时代。

美国的咖啡，不论是浪漫的故事，还是艺术的香气，消费量均为最大。咖啡于 1668 年到达北美，纽约的第一家咖啡馆于 1696 年开业。而咖啡在日本，始于明治维新时代，在第一次世界大战期间才被一般人所爱好，后来成为都市人群的普通饮品。有人认为，战争期间人们苦闷的心情，需要一些刺激，咖啡的轻微刺激，或许正合他们的口味。

国际都市，总有文化融合的相同之点。西风东渐，咖啡亦渐渐进入中国人社会，让人们享受悠闲的趣味。当中国茶最初输入欧洲的时候，西方人曾把茶当作时髦的饮品。现在从欧美传到中国来的咖啡，也变成一种时髦的饮品，在人们的日常生活中逐渐占据与茶比肩的地位。在二三十年代的上海，在任何场合里，都会有咖啡的出现。人们在工作之余，踏进咖啡馆的旋门，

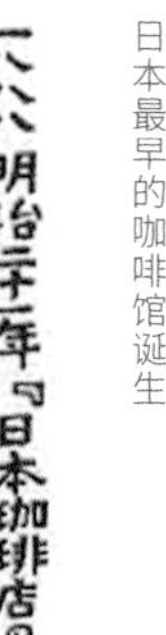

1888 年 4 月 13 日，日本最早的咖啡馆诞生

思南路上的咖啡酒吧

那种悦目的色调、柔和的灯光、醉人的音乐，给人安详的情调，营造美好的心境，既是生活的品位，也是休闲的享受。面对着一杯热气腾腾的咖啡，看着那杯中浓色的水面上有淡白色的水汽在变幻，然后慢慢地喝着喝着，你便要忘记一切。

一般时髦一点的人物、喜欢静默的诗人，他们不去茶楼，喜欢在小小咖啡馆的一隅，与友闲谈，或构想一篇可写可不写的文章，甚至什么都不想，默默地静坐。咖啡的香味与色泽，比茶更富有刺激，更有魅力，渐渐地得到都市许多人的爱好，不是没有理由的。

关于咖啡馆的乐趣与好处，在海外开过眼界的文学评论家张若谷总结了三个方面。（1）刺激。在生存竞争异常激烈的都会里，需要刺激与兴奋，咖啡为流行的普通一种，原因是代价便宜而可以选择一个雅座坐半天；给予人兴奋的效力，则不亚于鸦片、酒精，同样能使人在一阵阵浓郁香味中，逃脱生活的痛苦与外界的压力。日本在关东大地震后，都视咖啡店为唯一的“半夜之欢场”。一些青年艺术家不但公认咖啡为现代都市生活的象征品，还称赞咖啡为文艺灵感的助长物，着实有许多令人意想不到的效力。（2）坐谈。人生快乐之事，莫若与朋友进行有意义的谈话。但是在中国找不到文学会所。在城隍庙的几家茶馆，因为吵闹得厉害，无法进行耐心的畅谈。谈心勃发时，只能选择法租界几家俄

咖啡店中

主婦必讀課之一

怎樣煮咖啡？

純璨

中國人是最喜歡飲茶的，所以對泡製上都很有經驗，然而咖啡呢？卻不像飲茶那樣普遍，在煮製方面縱有研究的人，也便沒有那樣多了。

其實，原則是大同小異的，第一要新鮮，第二要非香氣洋溢不是好的品質。

當煮的時候，咖啡與水的配合，究竟用什麼比例呢？最好用八唡容量的茶杯量水，一隻標準茶匙量咖啡，一杯水與一匙咖啡相配，是最標準不過。水與咖啡配妥後，即應開始泡或煮，現在分述在下面：

（一）泡法——是普通的一種方法，大量的香氣和暗紅色的苦味都能溶在水裏，製時先把咖啡放在沸水中浸過，然後將咖啡放在壺頂子中去（因為咖啡壺的頂上有許多小孔）輕輕搖動，使咖啡慢慢的擠下去，再將沸水傾下，把壺入沸水中微燉幾分鐘即成。

（二）煮法——把咖啡放在壺中，加入開水輕輕振動，置火上煮到將要沸騰時，再搖動一次，沸煮五分鐘後，即可取下，再入少許冷開水，使渣滓下沉，停置幾分鐘後，即可飲用。

（三）濾法——將咖啡入濾器中，再將咖啡壺另一端中注以水，放火上煮，當沸滾起泡時，便可以叫它緩緩地濾下，約十分鐘，即告成功。

到了夏天，大家全愛吃冰咖啡，其做法也有兩種：

（一）咖啡煮好後入杯中待冷，再注入有冰塊的茶杯裏。

怎样煮咖啡

国人开的咖啡馆，借作临时的谈话场所。咖啡馆的外国老板和侍者，知道客人的来意，从不下逐客令。（3）雇用侍女的咖啡馆可以让人们异性方面的情感得到满足。凡是对都市生活有兴味的人，都喜欢游览剧场、酒肆、咖啡馆、音乐厅、跳舞场、妇女服饰店等，在这些地方可以得到人间味同感觉美。

咖啡馆的兴起，也带动咖啡文化的普及。“怎样煮咖啡”也成为当时富裕阶层家庭主妇的必修课之一。有人在生活杂志上开课，专讲在家里怎么煮咖啡，指出其与泡茶的原则是大同小异的，第一要新鲜，第二要香气洋溢。煮的时候，咖啡与水的比例呢？最好用八两容量的茶杯量水，一只标准茶匙量咖啡，一杯水与一匙咖啡相配，最标准。水与咖啡配妥后，即开始泡或煮咖啡。泡法：最普通的一种方法，大量的香气和暗红色的苦味都能溶在水里，制作时先把咖啡壶在沸水中浸过，然后将咖啡放在壶顶子中（因为咖啡壶的顶上有许多小孔）轻轻摇动，使咖啡慢慢地挤下去，再将沸水倾下，把壶入沸水中微炖几分钟即成。煮法：把咖啡放入壶中，加入开水轻轻振动，置火上煮到将要沸腾时，再摇动一次，沸煮五分钟后，即可取下，再加入少许冷开水，使渣滓下沉，停置几分钟后，即可饮用。滤法：将咖啡入滤器中，再往咖啡壶另一端中注水，放火上煮，当沸腾起泡时，便可以叫它缓缓地滤

家庭制咖啡

下，约十分钟，即告成功。当时介绍的咖啡煮法，与今天的会有一些不同，咖啡文化也是随着时代的进步而不断摸索向前的。

咖啡进入上海，成为都市的时尚，消费量日增，有人喜欢有人愁。1926 年的《兴华》杂志，提出每年购入咖啡与外国茶的花费在千万元以上，“华人对于国货与外货之分别，如再不急觉悟，噬脐无及矣”。“我国地大物博，出产富饶，如善用之，无在不能出人头地，区区饮料，何须仰给于人。”该杂志引用一家研究所发明的咖啡代用品，即用绿豆七成，上品茶三成，同炒焦黑，研成粉末，以代咖啡，味甘美有过之无不及，即提精神，助消化之功能亦适，与咖啡吻合。“绿豆，甘寒行十二经清热解毒，一切草木金石砒毒皆治，为良好食品，虽嫌性寒，然业炒焦，性又不同。苟能制造发售定获厚利，愿我国人起而试之。”可惜，这家研究所的此项发明并没有得到国人的认可，将绿豆炒焦变咖啡终成一个笑话。后来也有人用炒黑豆粉来冒充，没有咖啡隽永的苦涩，只有苦茶味。

自二十世纪二十年代起，与伦敦、巴黎、东京一样，上海的人们纷纷走向咖啡馆，咖啡成为上海的都市时尚，也逐渐成为生活的习惯。梧桐午后，斑驳之间，那个时代的咖啡文化，皆是时尚与传统之碰撞，这正是咖啡在魔都上海特有的历史与风景。

领风气之先的文艺咖啡馆

上海咖啡 EXLIBRIS

咖啡馆（木刻·德）

Coffee（咖啡）的译名，曾有“咾啡”“高馡”“珈琲”等，其中“珈琲”的名称从中国传到日本，又从日本传回中国。最初上海的咖啡馆多以“珈琲”命名，现在基本绝迹。而在日本各地，至今还能看到一些咖啡馆涂着“珈琲”的字样。

上海人最初品尝咖啡，是在华人开设的西菜（番菜）馆里。1887年（光绪十三年），在《申江百咏》的竹枝词里，就有“几家番馆掩朱扉，煨鸽牛排不厌肥。一客一盆凭大嚼，饱来随意饮高馡”的词句。作者辰桥注释道：“番菜馆如海天春、杏花楼等，席上俱泰西陈设，每客一盆，食毕则一盆复上，其菜若煨鸽子、若牛排，皆肥易饱，席散饮高馡数口即消化矣（高馡亦外国物，大都如神曲等类）。”文中的“高馡”即咖啡。作者没有提到一品香番菜馆，其实一品香早在1864年就创立于福州路、山东路口，为中国人最早在上海开设的番菜馆，餐后亦有“咖啡一盏，灌入九回肠”。

上海最初的咖啡馆为西人所设，如星点般寥落在租界的地盘里，既有虹口江边的水手酒吧咖啡，也有巡捕房边上的外人咖啡。但是，具有影响力的咖啡馆，则于二十世纪二十年代开始出现，并有华人参与，逐步形成规模。

1927年4月，日本《文艺战线》社代表大牧近江与里村欣三访问上海的时候，为十里洋场

虹口街区，留日学生回国后的居住地

武进路的街角

的上海没有一家东方人所办的具有文艺俱乐部性质的咖啡馆而感到遗憾。他认为文艺咖啡馆不仅是近代都市生活应有的一种设施，也可以使文艺界同仁常有聚会交流的机会。而他们正在感慨的时候，上海第一家具有文艺俱乐部性质的咖啡馆正在筹办，次年便正式诞生。这家设立在北四川路的“上海咖啡馆”，顺应时势，领风气之先，其地域和文化优势十分明显。

就地域优势而言，北四川路的武进路以北地区是越界筑路地带，包含江湾路、施高塔路（今山阴路）、窦乐安路（今多伦路）等地区。名属华界的闸北一部分地区，实际由租界管辖，马路由工部局行使警权，两侧治安由华界警察管理，而最终成为事实上的“三不管”地区。北四川路越界筑路地区的特殊性，使其成为左翼文人的自由天地，也是革命文学青年合适的活动地。

就文化优势而言，北四川路，特别是越界筑路地区，拥有上海特殊的日侨文化，这里是日本侨民的高级住宅区，配备了学校、医院、书店、剧场、神社等具有浓厚日本民族风情的生活、文化设施，为留日学生在上海相对适应的生活环境，很多留日学生以及左翼文人，包括鲁迅，都选择在那里生活。

近代日本咖啡文化非常发达，据 1931 年调查，东京有咖啡馆三千二百十五家，咖啡女侍二万零四十三人。过去当咖啡女侍的不过是高小

虹口的咖啡馆聚集地

毕业生，后来连女教师、女大学生都有充任的。中国留日学生，无论在东京、大阪，还是僻远的地区，大多有关于咖啡馆的生活体验。他们认为咖啡是对身心两方最有效力的兴奋剂与刺激品，有了空闲的时间，不由就想到享乐的地方，咖啡馆便是唯一的乐园。到咖啡馆去的乐趣，不仅在辨味，还有许多赏心悦目的事情，像异国情调、异性接触等。创造社成员郁达夫坦言："我的真正的创作生活，是从《沉沦》发表以后起的。在写《沉沦》各篇的时候，我已经在东京的帝大经济学部里了，那时的生活程度很低，学校的功课很宽，每天读小说之余，大半在咖啡馆里找女孩子喝酒，谁也不愿意用功，谁也不会想到将来靠写小说吃饭。所以《沉沦》里的三篇小说，全是游戏笔墨，既无真生命在内，也不曾加以推敲，经过磨炼的。"

郁达夫（1896—1945），本名郁文，出生于浙江富阳，1913 年赴日本留学，初入旧制第八高等学校（名古屋大学前身之一），1919 年 11 月入东京帝国大学经济学部，1922 年毕业回国。他虽然修读的是经济，但文学活动不绝。1921 年，在参与创造社活动的同时，开始写作小说。同年 10 月出版首部短篇小说集《沉沦》，小说以郁达夫自身为蓝本，畅述留学日本时迷恋日本女人的故事，刻画了主角的孤独、性压抑以及对北洋政府懦弱的悲哀，轰动中国文坛。

上海咖啡

食料鮮潔
座位安舒
女子招待
格外有趣

地址
北四川路老靶子路北上海大戲院對門

上海最美最廉之咖啡店

CAFÉ CHANGHAÏ
518 NORTH SZECHUEN RD.

上海咖啡馆的广告

上海咖啡馆附近的街景，远处就是上海大戏院

北四川路由于地域优势和文化魅力，成为文艺青年聚集的“咖啡座谈”的优先地段。1928年8月，创造社成员张资平在那里设立“上海咖啡馆”。张资平（1893—1959），广东梅县人，1922年4月毕业于东京帝国大学理学院地质系。同年出版中国现代文学史上第一部长篇小说《冲积期化石》。在东京留学期间，张资平利用上海泰东图书局的一些条件，与郭沫若、成仿吾、郁达夫、田汉、郑伯奇等人创办创造社，这是“五四”新文化运动早期的文学团体。1926年3月创造社又成立出版部，由周全平、叶灵凤、潘汉年负责经营。张资平于1928年3月到创造社出版部工作。

上海咖啡馆，位于北四川路、老靶子路（今武进路）口，上海大戏院对面，即创造社出版部楼上。该店的广告配有侍女的图像，称是上海最美最廉之咖啡馆：“食料鲜洁，座位安舒，女子招待，格外有趣。”1926年，霓虹灯刚刚被引入上海，两年后，上海咖啡馆的招牌就用上霓虹灯，在虹口少见。五彩缤纷的霓虹灯熠熠发光，具有重要的商业广告作用。有人见“上海咖啡”生意好，也仿效在南市老西门的书店楼上另开一家“西门咖啡”。咖啡由老板娘亲自动手，在酒精炉上煎煮，蛋糕西点从外面买来，咖啡馆也不聘女招待，服务工作由书店学徒承担。但是营业非常清淡，半年后就悄然关门了。追其原

New Aspects of the Shanghai Cafes

Fancy Singing Parties

上海咖啡館的新噱頭

化裝歌唱會

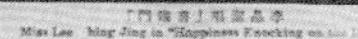

上海咖啡馆的化装歌唱会

因，有人认为是广告牌不够醒目，但并没有找到问题的症结。

上海咖啡馆以张资平名义开办，实际上是创造社几位同仁合股创办，资本金五千元。开幕前，登报招女店员，月薪颇丰厚，而学力亦均不弱，且有两人为中学毕业生，其中一位王君店员，姿态妙曼，待客殷勤，客人均呼以“王樣”(小王)。咖啡之价，每杯一角半，“佳丽当前，可以伴客踞于斯，以享受其艺术之生活者，亦殊不少”。

1928 年秋天，上海咖啡馆开张仅几个月。日本作家村松梢风（1889—1961）访问上海时，常常与朋友一起去上海咖啡馆。这是作家第三次来上海。两三年前，在他的眼里，这一带是垃圾遍地的令人掩鼻的街区，现在楼房高大的旅馆、电影院、舞厅等鳞次栉比。无论是街道的景象还是繁华的程度，均为上海屈指可数的商业大街之一。根据村松的描述，上海咖啡馆的底层是书店，三楼是咖啡馆，这是一间四方形的大屋子，放置着大理石的桌子和坐起来很舒适的椅子。这家店虽只卖咖啡和酒，但是你若想点菜，也可从别的菜馆叫来。这家店的特色是使用女招待，学日本咖啡馆里女招待的样，也有三四个中国女郎在忙着。“这些女郎都长得挺漂亮，她们穿着西式的皮鞋和衣领很高的闪光衣服，剪着短发而在前额垂下一大片刘海，一脸的沧桑世故，她们

咖啡馆风情

或端着咖啡，或坐在客人的膝上，或吞云吐雾地吸着香烟，或轻声地哼着歌，或语调亢奋地聊着天。”村松梢风喜欢坐在三楼临窗的安乐椅上，俯视夜深的街景。这家咖啡馆营业到夜里两点多，也为他提供了更多观察上海街角的机会。

上海咖啡馆出现女招待，引起社会的关注。有一首《咖啡店的侍女》的诗，想必是文艺青年的作品：

你水盈盈醉人的眼波频送着你青春的烦愁，
你谨慎捧着那玉壶琼浆用着你圆滑的纤手；
呀，仅仅一杯淡淡的红色咖啡，
我已尝得泪海酸波酿成的苦酒！

咖啡中无端摄入了你的倩影，
我也无端地把它灌入了我的回肠，
啊，醉人的苦酒，闷人的苦酒呀！
我消失已久的心情给你涌起了小小的波浪。

田汉先生也是创造社的成员，与张资平、郭沫若、左舜生等结为挚友，他曾在东京高等师范学校学教育，热心于戏剧。二十世纪二十年代，田汉创作独幕话剧《咖啡店之一夜》，是我国在新文学领域中最早抒发咖啡馆情结的作品，具有很高的史料价值。

舞台布景以上海某咖啡馆为参考，设计为

燕京大学演出《咖啡店之一夜》的剧照

精致的小咖啡店，正面有置饮器之台，中嵌大镜，稍前有柜，台上置咖啡、牛乳等暖罐及杯盘等，台左边有大花瓶，正面置物台之右方，则为通厨房及内室之门，障以布帘，室前方于三分之一的地方，以屏风纵断为二，其比例为左二右一，右方置一圆桌，上置热带植物之盆栽。桌子对着屏风那面，置一小沙发。余则置一二腕椅。左方置大沙发，横置两方桌子，副以腕椅。室中于适当地方，陈列菊花，瓦斯灯下，黄白争艳。两壁上挂油画及广告画，壁涂以绿色。左前方开一推掩自在之门。时为初冬之夜，左室一桌，有数人高谈畅饮。盆中木炭，燃得正好。

话剧女主角白秋英在父亲去世后，孤身一人来到都市一家咖啡店当侍女，她的青梅竹马李乾卿，盐商的公子，与另一名富家千金订下婚约。一天，他带着未婚妻来到白秋英工作的咖啡店约会，不仅对她视同陌路，还企图用钱赎回他以前写的情书。悲愤交加的白秋英，当场点燃情书信物，对这位薄情公子表达了愤怒与憎恶。白秋英在剧中的台词，也是咖啡馆侍女生活的真实写照：

这样的少爷们，我总当他们是自己的兄弟一样，想问问他们的苦处，无奈他们都没有一个人，把我当他们的妹妹，只和我谈一些不相干的事。谁也不肯把他们的真心掏给我看。至于那些

咖啡女招待

望得见风景的咖啡馆

轻薄的客人们，只把我当作什么模拟性欲的对象，有时候甚至还给我以不能堪的侮辱。

我从前也羡慕咖啡店里的生活有趣，刚才有一位老先生也爱这种生活，他说在这种芳烈的空气中间，观赏不尽的人生。可是我仔细看起来，这种生活中间，除开金钱与饮料交换，和由这两种交换所生的人工的谈笑之外，别没有什么可看的人生，什么芳烈的咖啡店，分明是一个荒凉的沙漠！这种沙漠，又岂止咖啡店，我看全社会都是一个大沙漠。

上海咖啡馆是文艺青年的理想乐园，新文艺作家蒋光慈、叶灵凤等几乎每天必到，甚至把在咖啡馆里得来的生活体验写进文学作品。有人说，上海的茶馆永远是提鸟笼、抽水烟朋友的俱乐部，文艺咖啡馆的出现，成为理想的文艺家与青年聚谈的地方。《申报》曾有一篇题为《上海咖啡》的广告式文字，其中特别提到："遇见今日文艺界的名人龚冰庐、鲁迅、郁达夫等，并认识了孟超、潘汉年、叶灵凤等，他们有的在那里高谈自己的主张，有的在那里默默沉思，我在那里领会到不少教益呢。"同时，《小日报》也有报道：该店"营业尚诚不恶，店中招待，皆为女子，闻之黄文农画师云，上海咖啡中，有女招待，极为曼妙，是则上海咖啡女招待，已得上海艺术家赞美矣。该店为新文学家张资平先生创

咖啡文学（谢曼绘）

办，张且擅写新的性生活，为创造社之健将，今竟开设店铺，做大老板，殆亦视文人生涯之不足恃也”。

新文艺作家为上海咖啡馆捧场，吸引了大批文学青年，他们既能见到名作家，又可以饱餐女招待的秀色，“上海咖啡”因“文艺”兴而生意旺。时人评价，北四川路的咖啡馆，以“上海咖啡”最受人称颂。上海文人好饮咖啡之风，亦从“上海咖啡”设立时开始。

但是，鲁迅先生对上海咖啡馆并无好感，可能和他当时与创造社某些成员的论战有关。他在杂文《革命咖啡店》中写道：“遥想洋楼高耸，前临阔街，门口是晶光闪灼的玻璃招牌，楼上是‘我们今日文艺界上的名人’，或则高谈，或则沉思，面前是一大杯热气蒸腾的无产阶级咖啡，远处是许许多多‘龌龊的农工大众’，他们喝着，想着，谈着，指导着，获得着，那是，倒也实在是‘理想的乐园’。”杂文颇多讽刺的意味。

同时，鲁迅声明，他并没有去过那样的咖啡店。第一，他是不喝咖啡的，总觉得那是洋大人所喝的东西，不喜欢。第二，他要抄“小说旧闻”之类，无暇享受这样乐园的清福。第三，这样的乐园，他是不敢上去的，文学家，要年轻貌美、齿白唇红，他有“满口黄牙”的罪状，到那里去高谈，岂不亵渎了“无产阶级文学”么？第

公啡咖啡馆遗址

四，即使要去，“也怕走不到，至多，只能在店后门远处彷徨彷徨，嗅嗅咖啡渣的气息罢了。你看里面不很有些在前线的文豪么，我却是‘落伍者’”。鲁迅声明的要点是他没有去过那家咖啡店，也不想去，并非躲在咖啡杯后面骗人。

由上海咖啡馆引出的这篇杂文，鲁迅的回复显然是针对创造社某些人对他的攻击。后来党中央决定停止内部论争，筹建“左联”，双方恰恰也是在咖啡馆里握手言和的。

公啡咖啡馆位于北四川路、多伦路口转角处，外国人开设。楼下卖糖果，楼上两间小房间供应咖啡与饮料，上午几乎没有人，很安静。1929 年 10 月，在公啡咖啡馆二楼，召开“左联”第一次筹备会，参加会议的有冯乃超、阳翰笙、夏衍、潘汉年等。这次会议主要由潘汉年传达中央关于停止文艺界“内战”的指示，组成包括鲁迅在内的“左联”。当年冬天，“左联”开始筹备。夏衍回忆，筹备会议一般每周开一次，有时隔几天开，地点几乎固定在公啡咖啡馆。

鲁迅常在公啡咖啡馆会见客人，或约人聊天。1930 年 6 月 5 日，鲁迅同“左联”作家柔石在那里喝咖啡。1933 年 12 月，一个寒冷的下午，女作家葛琴和几位朋友在内山书店拜访鲁迅，为方便谈话，鲁迅约他们到公啡咖啡店聊天，他们足足谈了两个小时。葛琴记叙道：“我完全不感觉有什么拘束的必要。他很起劲的说着

拉摩斯公寓，底楼有犹太人的咖啡馆

文学上的各种问题，和不断地给予我热烈的鼓励，他的说话就和他的文章一般的有力，是那样充满着比青年更勇敢的情绪。当我从咖啡馆里出来的时候，除了满意以外，更惊愕中国现在还有这样一位青年的老人。”

拉摩斯公寓（今北川公寓）由英国人拉摩斯建于1928年，当时高四层，坐南朝北，装饰艺术派风格，位于北四川路2079—2099号。2099号底层曾是一家白俄咖啡馆。1933年年底，鲁迅在那里会晤创造社发起人之一成仿吾，鲁迅与成仿吾曾有“文字之争”，成仿吾说鲁迅是中国的唐·吉诃德，令鲁迅很不爽，但是由于革命目标的一致，思想政见的一致，他们之间的争论很快消弭。成仿吾原先在鄂豫皖苏区工作，后来与中央失去联系，苏区派成仿吾来上海找党中央。但到上海后，因情况变化没有找到，成仿吾便想起鲁迅，并通过内山完造约鲁迅。当时瞿秋白、冯雪峰在上海，还没有去江西苏区。成仿吾后来回忆道：“我按时来到咖啡馆，鲁迅先生已经在那里喝咖啡了，见到我很高兴。我问鲁迅先生，你能否给我找个共产党的朋友？他说，你来得正好，过几天就没有了，于是我把我的地址、接头暗号等都告诉了鲁迅，鲁迅咖啡不喝就走了，我也走了。找到鲁迅已经是我到上海一个多月以后的事情，第二天就来人找我了。”对此，许广平也有回忆，“记得有一天，鲁迅回来，瞒

巴黎的咖啡馆：学生与教授共作艺术的探讨

理维咖啡大王

不住的喜悦总是挂上眉梢，我忍不住问个究竟，他于是说，今天见到了成仿吾，从外表到内里都成了铁打似的一块，好极了。我才知道他喜欢的原因所在”。这是一次不寻常的咖啡馆会见。

上海咖啡馆设立后数月，文艺咖啡馆波及校园周边。在徐家汇的交大对面弄内，设立了一家亚西咖啡馆，雇用四位女子招待。这家位于徐家汇的咖啡馆，“使得许多大中学生，终日幻想着店中的装潢典丽和女招待的笑靥迎人”。据说交大当局曾警告该店停业，但因无法禁止而罢。后来校方发出告示，禁止学生进入，违反者将予以记过处分。位于江湾的复旦大学后面中山西菜社的对门，也开了一家饮冰室，一位年轻的女招待，穿着复旦女同学样式的丝袜，上海话很流利，但人们发现，她其实并不是本地人。

1928 年下半年，当时位于南市尚文路的上海中学初中部，在校内设立了一家很精致的咖啡馆。当时学校里有商店是很普遍的现象，但校内设咖啡馆，却是很罕见的。该校的商店原来是学生会办的，因为经营失败，就由校外一家食品店老板接收开办。但这个老板同时介绍一个咖啡店伙伴来校，经校方同意，就在校内开了咖啡店。半年以后，因经营不错，咖啡店老板要求校方给予更宽大的房间，并新添许多西式的白漆色椅台，另增几个放酸梅酱吐司的玻璃柜，茶具亦都换了新的，面貌大为改观。咖啡店的客人，主要是该校穿西装的老师，他们是每天早晨的老主顾，还有就是一些富家的学生，每到散课以后，常有客满之概。有几位学生在放假结账时，竟费二三十元之多，在那个年代算是高消费了。对于这家校内咖啡馆，《民国日报》刊文表示担忧："学校的生活贵族化了，这不是教育前途很危险的现象吗？"

一般而言，留日学生喜欢在虹口生活，留法学生则倾情于法租界，这是上海生活的有趣话题。巴黎的咖啡馆是友谊的会集所，文艺的发祥地，亦是法国最稳固的组织。有一位记者说过，如果有人研究巴黎的咖啡馆史，他就能写一部几乎完整的巴黎史。留法学生在上海的法租界生活，自然会关注那里的文艺咖啡馆。徐仲年（1904—1981），曾在巴黎里昂大学文学院学习，获文学博士学位。其博士论文《李太白的时代、生平和著作》以及早期译作《子夜歌》十五首诗，一度风靡巴黎文坛。回国后，与留法画家汪亚尘、留法作家孙福熙等人发起星期文艺茶话会，编辑《文艺茶话》月刊、《弥罗》周刊等，同时也是上海文艺咖啡馆的积极参与者。

徐仲年认为，咖啡馆加以"文艺"的字样，必然有其特点。到这种咖啡馆里去的人是文艺家，当然不在话下。但是，这还不够构成文艺咖啡馆的条件。在外表上，文艺咖啡馆不求华丽，但必须幽雅，所谓幽雅，从室内装饰、灯光，直到音乐，必须予人以安宁，予人以快感。在精神上，每家文艺咖啡馆必然有若干中心人物，或某种文艺主义为中心思想。这些中心人物大都是“大师”，即使不是“大师”，至少也是文艺界的红人，为青年作家所崇拜者，他们走到哪里，青年作家们都跟到哪里，有如拱卫。

霞飞路曾有一家名为“文艺复兴”的咖啡馆，老板是白俄人，地方宽大、座位很多，但是后来老板换人后，渐渐就失去了文艺气息。1947 年，又一家文艺咖啡馆开设在襄阳公园西边的襄阳北路上，西文名用法文，直译是“文艺复兴的沙龙”。门前装饰一座银灰色的维纳斯像，是模仿弥罗岛上的维纳斯像而塑。内部壁灯暗淡，透过纱窗就可看见公园的树林，十分安静。柜台高处，放置贝多芬塑像。作家华林说：“这是一位与命运决斗的天才，鼓励许多文艺青年，向前迈进。希腊女神是文艺的神，也是爱情的神。我希望每座文艺咖啡馆，充满了人类的爱，从男女相爱，把她扩大充实起来，爱到整个人类。整个宇宙的星球，这是美的世界，要用文艺家来创造。”华林曾留学法国，攻习艺术绘画，回国后改习文艺，著作很多。在任中国文艺社编辑和干事期间，他在社内组织文艺俱乐部，邀请社员参加“文艺之夜”，完全仿法国的文艺沙龙，可称中国最早的文艺茶会。华林曾在上海开过咖啡馆，抗战胜利后，一度与以《雨巷》闻

今襄阳公园，其边上曾有文艺咖啡馆

名的诗人戴望舒合计开文艺咖啡馆。

“文艺复兴的沙龙”馆主洪青是留法建筑工程师、上海美专的教授，也是艺林建筑公司的经理。咖啡馆的一切均由他亲自设计督造而成。在这家咖啡馆，“约二三知己，谈论上下古今，咖啡一杯，陶然欲醉”。上海的很多咖啡馆都注重设计，与咖啡馆的情调有关。一家设计精美的咖啡馆，会使客人不忍离去。

徐仲年去过那家咖啡馆，他说：文艺咖啡馆就是文艺沙龙的放大，那家咖啡馆的对门是公园，没有嘈杂的商店或住家，这也是可喜的一点，总之，这个环境因幽静而合乎文艺。当然，也有客人提出改进的意见：(1) 应用古典音乐的唱片，以增加文艺气，极力反对用爵士音乐。(2) 应供有中外近期文艺杂志。(3) 光线宜调度适当，以备茶客高兴写稿时用，则不损目力。

襄阳公园附近的文艺咖啡馆，周边居住着众多的文化名人，如李石曾住蒲石路（今长乐路），孙福熙住环龙路（今南昌路）近陕西南路，巴金住霞飞路（今淮海中路）的霞飞坊（今淮海坊），欧阳予倩住林森中路（今淮海中路）、陕西南路口，汪亚尘住薛华坊（建国中路115弄，今建国坊）。北四川路的朋友来此较远，而对于具有法国情结的文人而言，那家咖啡馆就在附近。

西区咖啡的异国情调

上海咖啡 EXLIBRIS

二十世纪三十年代的霞飞路

上海西区以高雅华贵著称，有人甚至说那里是上海文化的灵魂。西区范围很大，从二十世纪二十年代始，与咖啡文化的发展同期，逐步形成规模。《海关十年报告》指出："法租界的西区是上海唯一经过精心设计的住宅区，有优质的宽阔马路。上海的外国人的住房不足问题，可望在这个区里得到解决。1920 年前的八年里，法租界共有欧洲人住宅 423 幢，而 1920 年和 1921 年两年里，就造了 552 幢。"

霞飞路（今淮海中路）是西区的代表。新感觉派作家穆时英说：霞飞路，从欧洲移植过来的街道。

淮海路有东路、中路、西路之分，以中路为最繁华，上海人所说的"淮海路"，一般指淮海中路，即过去的"霞飞路"。霞飞路是法租界当局精心设计的具有欧陆风情的马路，繁华的街市与幽情的绿地交融，典雅而又高贵。根据规划，自嵩山路以西，霞飞路两侧建筑均为砖石结构的楼房，与道路的距离不少于 10 公尺。沿路不得用墙篱封闭，还须种植花木。沿路种植的法国梧桐，浓荫茂密、婆娑多情。在绿色的后面，错落有致地分布着各具特色的西洋建筑。漫步在霞飞路，恍惚如在欧洲的大街。居住在那里的人因与高贵相邻，神气中总露出一丝骄傲，以至在相当长的一段时期里，"住在霞飞路"成为一种身份的象征。这种城市文脉的传承，一直沿袭到

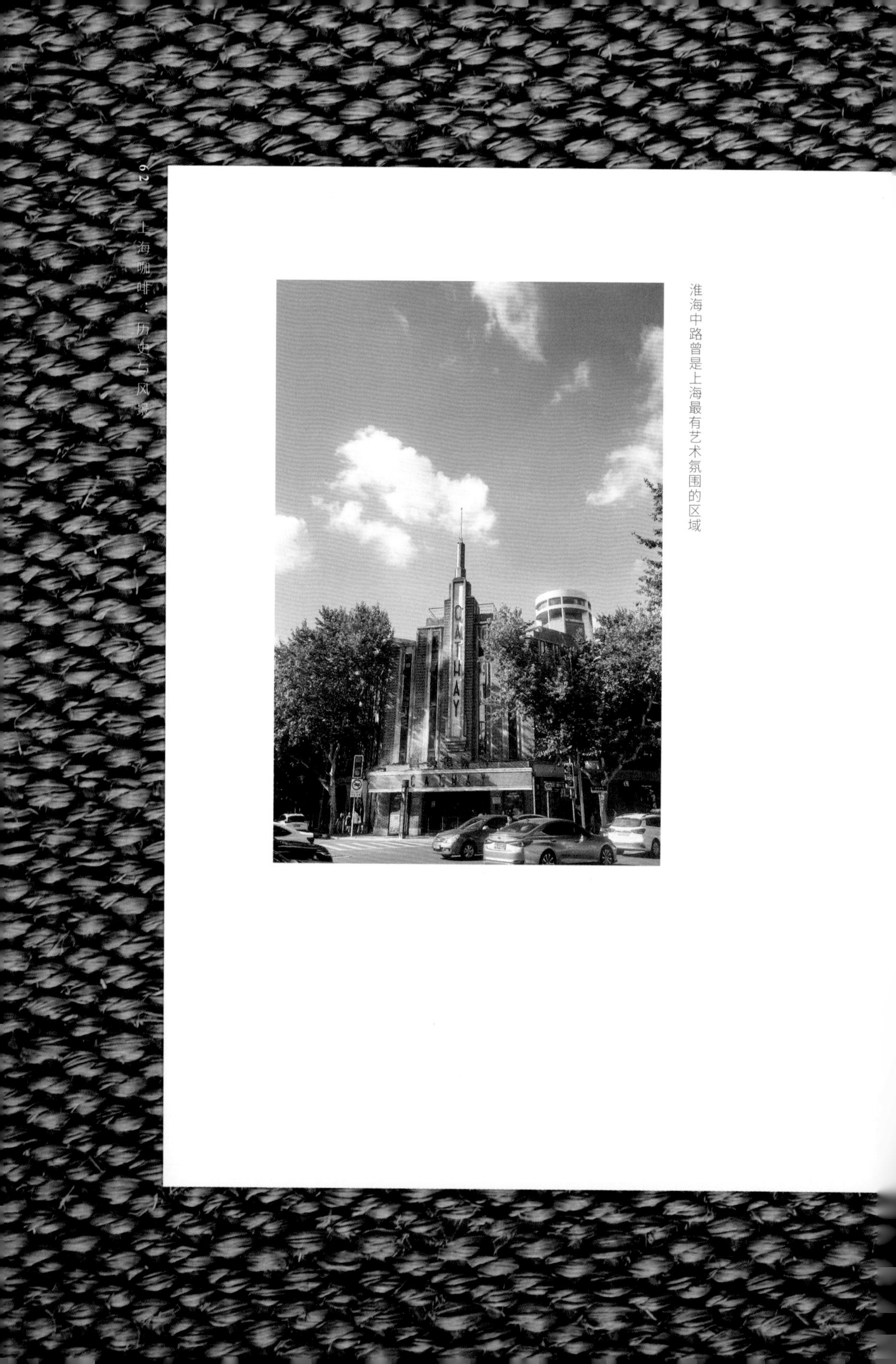

淮海中路曾是上海最有艺术氛围的区域

改名以后的淮海中路。

同时，霞飞路也是上海最有艺术文化氛围的区域，咖啡浓郁的香气，书店里美丽的图画，戏馆里醉人的音乐，以及舞台上可爱的倩影，充满了这个街区。

一般人以为，霞飞路是一条充满法国情调的马路，其实商业繁荣的霞飞路，弥漫着浓郁的俄罗斯风情。那里集中了俄罗斯人群体。俄罗斯人的大部分最初是作为身无分文的难民来上海的。他们虽然贫困，但大多数人具有良好的人文素质，其中不少人有丰富的专业知识和技术才能，在艰苦创业中很快获得成功。日本作家横光利一第一次来上海时，看到俄国人衣衫褴褛，贫困交加，“几乎都沦为乞丐和卖淫的”，但仅仅过了几年，他惊奇地发现：俄国人“已在法租界的一角建起了堂皇的街市”。

大部分俄罗斯人选择在法租界居住，这与以法语为教养的俄国贵族生活方式有关，他们认为这里是相对容易生存的地方。至二十世纪三十年代，霞飞路及其周边的俄罗斯商店有几百家之多，有咖啡馆、餐厅、面包房、时装店、童装店、皮货店、鞋帽店、珠宝店、电器店、乐器店、美容厅、百货店、照相馆、钟表首饰店、家具店、药房、糖果店、花店等。由于俄罗斯人经营着霞飞路 95% 以上的欧洲商店，俄侨评论家波利希内尔预言：“有朝一日要编写俄侨历史

淮海中路的法式建筑

时，霞飞路必占有重要之一席。”

在“咖啡馆”三字成为上海一个时髦名词的时代，霞飞路的俄罗斯咖啡亦成为摩登都市异国情调的一个象征。俄国人经营的咖啡馆，除了提供咖啡外，还附有各种甜食和点心，不仅吸引在上海的欧美人，也吸引中国的文化人和喜欢时尚的年轻人，成为他们聚会聊天的场所。1929年，有人写道：“十年以前的上海，简直寻不出一家咖啡馆，现在西风东渐，咖啡馆也渐渐开设起来，霞飞路甚多，除国人经营的外，俄国、法国开设的都有，异香异色的外国女子招待，尤显出一种异国情调来。文艺界带了一点浪漫色彩的人，多喜于日影西沉华灯初上的时候，离开他们绞尽脑汁的写字台，来到霞飞路上的咖啡馆中，借作甜醇的刺激和少女的诱惑，以恢复他们一日的疲劳。”

霞飞路的热闹中心，东起吕班路（今重庆南路），西至杜美路（今东湖路）。其间有国泰大戏院、巴黎戏院等娱乐场所，至于酒吧、咖啡馆、酒菜馆等，总数在 50 家以上。以咖啡餐馆为主力的餐饮业，数量之多，环境之雅，设施之舒适，堪称上海之最。若以国籍而论，以俄罗斯人势力最强，其中，特卡琴科兄弟咖啡餐厅创办于 1927 年，是上海最早的花园餐厅，也是法租界最大的欧式餐厅，花园内置有 100 多张咖啡桌。餐厅的舞台上几乎天天都举行各种演出和

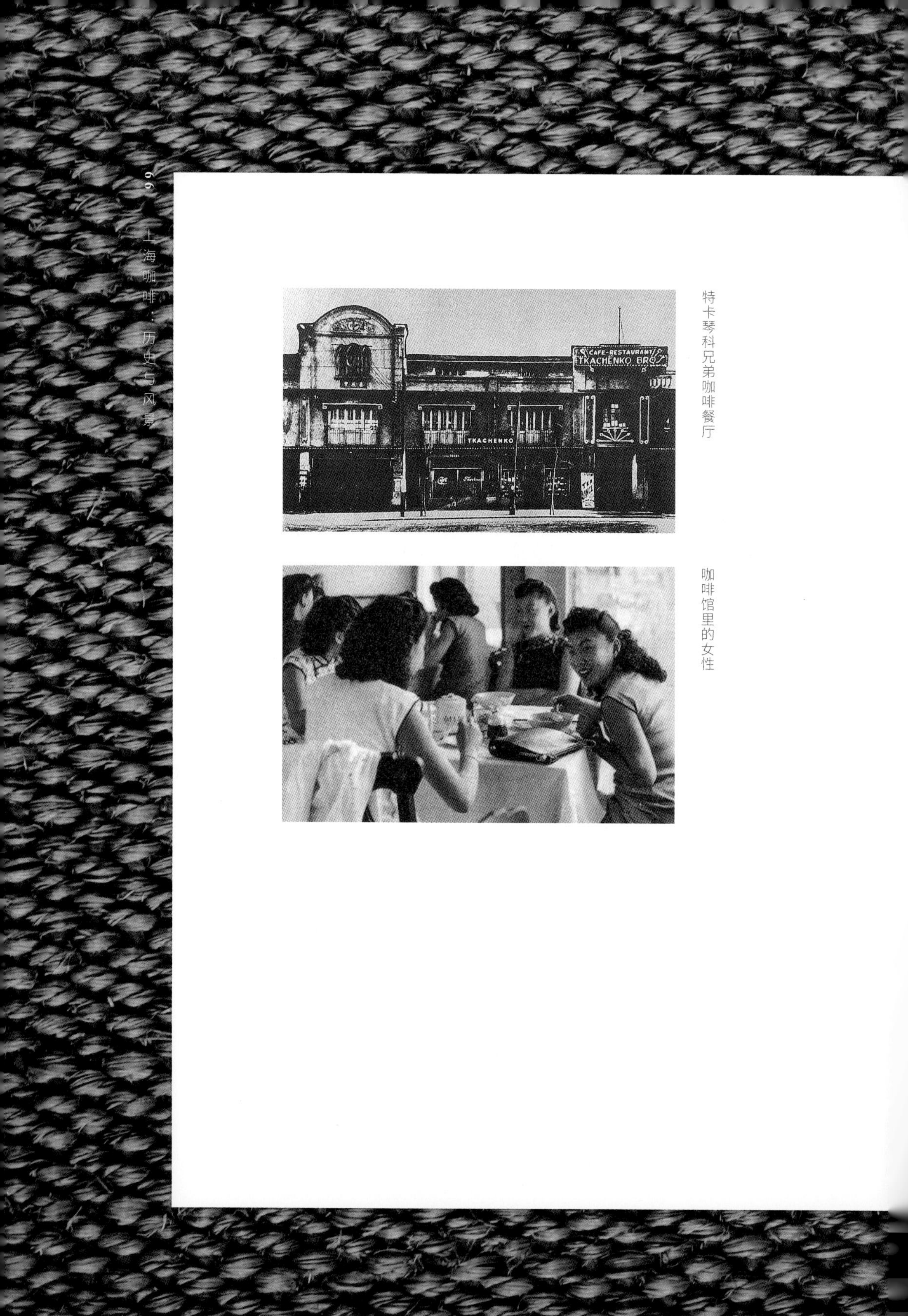

特卡琴科兄弟咖啡餐厅

咖啡馆里的女性

音乐会。1931 年又在餐厅中央增设大舞池，顾客围坐在其四周，边用餐边欣赏舞蹈表演。每年的俄罗斯文化节，咖啡餐厅都会演出儿童剧，招待俄罗斯学校的学生。俄罗斯酒吧里亢奋的爵士乐与咖啡馆小舞台上的即兴表演，也是俄国人在异乡为谋求生存的激情呼唤。霞飞路既有高雅的俄罗斯艺术，也有斯拉夫人世俗的情热。霞飞路的另一家花园咖啡馆，是位于西端的克金克咖啡馆，庖人为沙皇尼古拉二世之御厨，波兰人，馆内有舞场，舞女达八九十人之多。

俄商文艺复兴咖啡馆，位于金神父路（今瑞金二路）口，地方很大，座位很多，咖啡只要两毛一杯，是一个神秘的去处："这里，红的灯，绿的酒，陶醉的音乐，妖艳的眼睛，绯红的嘴唇，南欧的热情，露西亚（俄罗斯）的憨直，法兰西的温馨，的确满着神秘的风趣。"1933 年，张若谷在一篇名为《俄商复兴馆》的文章中曾记录过三位上海年轻白领与一位留法少女在文艺复兴咖啡馆会面的场景："四杯掺牛奶的冷咖啡从一个绿衣女侍者的古铜盘里，陈列在四个人前面。他们坐在靠霞飞路的窗口一只小方桌边，桌上铺着一幅细巧平贴的白布，一只水晶小瓶，几朵胭脂般的康玲馨花，一只 Job 烟盘，一匣高加索牌锡箔卷烟，四盏白瓷盘，盛着四杯没有热气的棕色流液。"

一个令人幻想的晚上，作家林微音坐在这家

名为“文艺复兴”的俄罗斯咖啡馆的露台上，面对霞飞路用彩色霓虹灯织成的夜色，感叹道：“坐在文艺复兴，在楼还没有开放的时候，我就感到好像坐在船上；现在楼开放了，坐在露台上，凭着铜栏杆，上面是帆布遮着，下望霞飞路。匆忙着的是各色的车辆，各色的人，正如在水上漂游着：由这一切，我真相信我是在甲板上。”

不过，进出文艺复兴咖啡馆的，很多是白俄，作家曹聚仁说，白俄的所谓复兴，乃是向往帝俄王朝的重来。其中的人才真多，随便哪一个晚上，你只须随便挑选几个，就可以将俄罗斯帝国的陆军参谋部改组一次，这里有的是公爵亲王、大将上校。同时，你要在这里组织一个莫斯科歌舞团，也是一件极便当的事情，唱高音的，唱低音的，奏弦乐的，只要你叫得出名字，这里绝不会没有。而且你就是选定了一批，这里的人才还是济济得很呢。这些秃头光脚的贵族，把他们的心神沉浸在过去的回忆中，来消磨这可怕的现在。

DDS（译名弟弟斯、甜甜斯）也是老牌的俄商咖啡馆，有几家店铺。霞飞路的店铺营业为咖啡馆、餐厅、夜总会。两层楼，底层为餐厅，供应俄式大餐，二楼雅致富丽，聘有一班五人的乐队，中间为舞池，周边是咖啡座，供应咖啡茶点为主，时有音乐舞蹈表演，不仅吸引俄侨和欧美侨民，也是中国文人的主要聚会场所。作家张若谷描写道：

走进门口，就见到一位中国仆欧（即仆役）。但进店后，便有一位俄国少女微笑着走来，我选了靠街口的窗口的一个位子，点了一杯咖啡。坐在那里真有趣，一只小正方形的桌子，上面摊了一方细巧平贴的白布，一只小瓷瓶，插了两三枝鲜艳郁芳的花卉，从银制的器皿的光彩中，隐约映现出旁座男女的玉容绰影。窗外走过三五成群的青年男女，一对对地在水门汀街沿上走过，这是每夜黄昏在霞飞路上常可见的散步者，在上海就只有这一马路上，夹道绿树荫里，有不少人在这里散步。我一个人沉静地坐在这座要道口的咖啡店窗里，顾盼路上的都市男女，心灵上觉得无上的趣味快感，在那里，既听不见车马的喧闹、小贩的叫喊，又呼吸不到尘埃臭气，只有细微的风扇旋舞声、金属匙叉偶尔碰杯的震音，与一二句从楼上送下的钢琴乐音，一阵阵徐缓地送到我的耳鼓。当路上没有好看的事物时，就低下头来，阅读携带的书籍。

民国诗人林庚白（1897—1941）曾作《咖啡馆感赋》："咖啡如酒倘浇愁，日夕经过此少留。惯与白俄为主客，最怜青鸟有沉浮。忧饥念乱今何世，怀往伤春只一楼。归向小窗还揽窗，吴霜休更鬓边儿。"林庚白常去 DDS 等俄商咖啡

DDS 的广告

卡夫卡斯咖啡馆（Kavkaz Cafe）

馆，时人评论其诗，“具情绵缈，使人怀远。而以白俄对青鸟，尤见其笔调轻松”。

DDS 咖啡馆也是潘汉年与地下党负责人会面的地方。1942 年，中共南方局派胡昌治来上海为潘汉年工作。胡昌治第一次与潘汉年的助手华克之（化名张静林）见面，就在 DDS。胡昌治准时到达，西装革履的张静林已经坐在火车座上，手里拿着一张当作接头暗号的报纸，边喝咖啡边看报。对上暗号后，胡昌治坐下来，挥手叫白俄侍女送上咖啡和方糖。两个人都是温文尔雅，气派潇洒，似乎是一对时髦的朋友在这间著名咖啡馆里见面聊天。张静林告知胡昌治，此次见面后，他会与他保持联系。喝完咖啡，两人付款起身，各奔东西。

DDS 咖啡馆的边上，是俄罗斯人经营的卡夫卡斯夜总会，也是霞飞路上的名店，楼下设有咖啡店，适于作清谈、作凝思。画壁上绘有西伯利亚的野兽，衬以热带的森林，富有象征意味。那里有简单的三人乐队，有小巧的舞池，音乐并不完全罗宋（俄罗斯）化，也会演奏中国流行歌曲。电影明星周璇对音乐有特别的喜好，很喜欢到卡夫卡斯去，说那里的音乐好。在那里，她一定要点电影《出水芙蓉》中的小喇叭演奏，因为小喇叭手是上海最好的吹手，同时《出水芙蓉》中的小喇叭演奏，上海只有他会吹。因此，周璇常到卡夫卡斯去听音乐，乐队见她来了，立刻奏

巴黎咖啡馆的广告

东华大戏院

起《出水芙蓉》的插曲。

巴尔干咖啡馆，位于东华大戏院（近霞飞坊）的对面。1927 年 4 月 1 日下午，张若谷与傅彦长、田汉、朱应鹏等人，在那里坐过整个半天。在他们面前，放着一大杯华沙咖啡。他们谈论文学、艺术、时事、要人、民族、世界等问题。旁边本有一位俄国学者，鬓髯花白，石膏模型一般地静坐在那里看书，经不起他们四人豪兴勃发的谈话，竟被吓走了。《大晚报》记者黄震遐（1907—1974）曾与张若谷一起去过巴尔干咖啡馆。1928 年 2 月，他在《申报》刊文说："那里的清洁，招待的优美以及一种坐在里面的浓厚兴趣，尊上海真恐怕是有一无二，它对面的东华大戏院，每周一、四开演俄国的歌舞，我们要晓得希腊艺术的伟大，要观赏有活泼的舞蹈，艳美的服装，斯拉夫男女的特色美以及那优美的雅乐，清脆雄伟的歌声，非要去参观一次不可。"

巴黎咖啡馆，1930 年 2 月开幕，附设于霞飞路华龙路（今雁荡路）西面的巴黎大戏院二楼，布置静雅，设备完美，特聘名厨精制英法俄各式大菜，以及精美茶点，兼售各色酒品，并供客跳舞。

伟多利咖啡馆开设于霞飞路、咸阳路（今陕西南路）口，特辟夜花园，为消暑胜地，除西点、咖啡、冷饮外，其最著名的是俄式大菜，日夜供应，风味极佳。

•慕華公司管理•泰山路七〇五•

泰山咖啡館

★展期八月廉價運動★

遠道而來・還是合算★

盡們大力爲客少費

我最努・顧減消・

•金牛牌•

冰鮮橘水

•每瓶僅售二千•

•僅及[illegible]盤一半•

★ABC超級咖啡
每杯只售五千元

●紀念盤餐●

泰山長盆飯

冷盆・熱炒・濃湯・蛋飯

（選料上乘烹調考究）

每客特售九千元

泰山咖啡馆的广告

新夏威夷咖啡座，在吕班路（今重庆南路）口。1933 年 5 月，青年作家郭兰馨在《申报》发表《都市散记》，其中有做客新夏威夷咖啡馆的记载："推开两扇小门，露出淡淡的灯光，就有两个俄国侍者态度很好的招待，我们拣了座位，喊了两杯咖啡，一间小小的咖啡座，布置还好，靠里面是一个音乐台，时光还早，没有几位顾客，音乐响起来，红晕的灯光，衬在绿色的顶幔上，别有一种情调，几张壁画也成了异彩，凄婉的曲调，使我们埋沉在哀愁的心情中。""音乐刚停的时候，来了一位俄国妇女，年华老大，但涂脂抹粉，卖弄年轻时代的风骚，这样变成了丑恶。可能她曾有青春的美丽，现在像一个陨落的梦，将残败的肉体、残败的灵魂，飘零异国，供人蹂躏。"

泰山咖啡馆是后起之秀，位于蓝田路（即马斯南路，今思南路）西首，1944 年 8 月开幕，该馆为合伙制，资本金 200 万元，由大股东龚桂香任经理，其曾经营静安寺大乐咖啡馆，对于咖啡馆事业，颇有实际经验。底层分前后两部，均为火车座位，桌上装有圆镜，下有小电灯，入夜后，仅开镜下小灯，幽美异常。狭长之亭子间内亦置火车座位。二楼为餐厅，装饰富丽。三楼为烹调室。该馆为适应环境，在楼下除雇用训练有素之女侍外，尚有俄罗斯女侍二人。所聘厨师，对于烹调菲力牛排颇有研究，罗宋汤别有风味。

关于霞飞路咖啡馆的异国情调，署名"青

咖啡馆里的浪漫

霜”的作者在《上海报》撰文，为我们提供了另一道鲜丽的风景：

冬季的风，总使人感到寒冷。特别是在太阳西下以后，漫漫长夜，终令人思念温暖的春夜。在最寒冷的冬夜，去咖啡馆里消磨了半夜。

咖啡馆在新兴与神秘之街的霞飞路与另一条马路的转角上，淡蓝色的霓虹灯缀放的Cafe，映漾在寒夜的树叶影里，远远地望去，真的有些新诗人的诗意，旧诗人见了，也似乎有些翩然出尘的想念，仿佛一个素妆轻盈的少妇，她在鬓上插了一朵梅花。

白俄的小童，穿着陆军尉官的制服，站在Cafe的门边张望，我们踏上了台级，他便在里边拉开了门，很恭敬的表着欢迎的诚意，还说了一句法语Bonsoir（晚安），他肃立着让我们走进屋子里。

屋子里有温和的火炉子，有美丽的女人，更有非常动听的音乐，有浓烈香味的咖啡，有香甜的各种糖果，有土耳其烟味的这种纸烟，壁上张贴着热烈情调的油画，电灯光因用着淡蓝色的泡子，屋子里便觉得另有一种趣味。

梳着垂马髻，穿着粉红绸衫子，束着绿绸裙子，那个高丽女郎，带有诱惑春意的笑，过来招待我们，在一张白色漆的小圆桌边坐着，她问明了我们需要的饮料，便用精致的木盘端来，一一的安放在我们面前，虽然她一声不响的动作，然而我们已是摇动了心儿的思念，真的那异国的少女，十分可爱。

十分钟以后，那可爱的异国少女和我们坐在一起，她操着流利的英语，和我们笑谑，她低声地唱着一支高丽歌，使我们想起了鸭绿江，想起了金刚山。虽然我们不是韩国人，却能替她想起“国破山河在”的凄惨，然而她仍是无事地不觉，脸上充满了春意的欢乐，无疑地她不知有“国”。

作家张若谷在《申报》发表的《都会咖啡馆》，则是都市生活中一个有趣的故事，一位“聪明面孔笨肚肠”的白俄侍女，把伏特加当作“摩托卡”（Motor）：

推进二丈多高的玻璃门，鼻管嗅着巧克力和奶油的气味，拾级上楼，蓄音机正播放着“晚安维纳斯”，欢迎我一个孤单的契丹顾客，拣了一个靠马路的窗口，懒洋洋地坐下休息。四个厚化妆的白俄侍女，凄白的颜，绮丽的春袍，据着一个长方形的桌子，正在灯光下作叶子戏。

我的手杖滑到地上去了，惊醒伊们的静穆空气，那个像东方玛利亚型颜的第二号侍女，过来倒了一盏咖啡。

第一号含着微笑的侍女，许久没有在这家“都会咖啡楼”上露脸了，或许是跟了一个白俄洋行小鬼私奔了吧?

像哥伦布发现了新大陆般的欢喜，无意中我看见一个西班牙香烟女工卡门式的侧影，伊是一个新来的，我正注视着伊双髻间插着的鲜艳的海棠，好像是发现了我在偷视伊，伊嫣然一笑。“春风啊，你为甚吹动我的心?”

我只施用一个眼色，伊摆动着游荡纤长的腰肢，踏出跳舞步伐，挺着健美的姿态，放出一双饥渴的炬火，操着不正确的法兰西语，问我要什么东西。

“若使你愿意，请来一杯伏特加(白干烧)。”

“伏特加?”

“正是。”

伊又嫣然一笑，下楼去了。一直等了十分多钟，伊空手上楼，说伏特加来了，在楼下。我便带着疑惑心，陪她下楼。一股浓烈的香水味，夹着西洋女人特有的狐臭，好像闻到轧士林同样的刺激，等到出了店门，她指着门外停着的一辆出租汽车的时候，我才如迷梦中醒了过来，啊，原来是个聪明面孔笨肚肠的白俄侍女，伊把伏特加当作“摩托卡”。

我装作没事的样子，在账台上付了一杯咖啡的代价，从容不迫的走进汽车座里，叫车夫在霞飞路上莫名其妙地绕了一个圈子，再回到距离“都会咖啡楼”不到三百步路我寄寓的银华小楼。

春风啊，你为甚反复地把人捉弄?

静安寺路
时尚咖啡

上海咖啡 EXLIBRIS

南京西路的风情

铜仁路，咖啡馆集中的地方

静安寺路（今南京西路）因静安寺而得名，最初是一条马道。1876 年，葛元煦在《沪游杂记》说：“租界沿河沿浦植以杂树，每树相距四五步，垂柳居多，由大马路至静安寺，亘长十里。两旁所植，葱郁成林，洵堪入画。”早年的静安寺路，因行人稀少，愈觉宽敞，空气也清爽得多，尤其是深秋的黄昏，落叶逐西风，落地有声，斜阳微弱的余晖，把路旁两列树木的影子投到地面。

1908 年 3 月 5 日，上海第一条有轨电车正式开通，路线从静安寺起，沿愚园路、赫德路（今常德路）、爱文义路（今北京西路）、卡德路（今石门二路）、静安寺路、南京路，至外滩英国上海总会，全程 6.04 公里，这是贯通公共租界的东西干线。随着有轨电车的开通，静安寺路的房地产发展迅速，花园别墅、新式里弄、高楼大厦不断涌现，可算是上海雅静而又华丽的马路了。

如果说霞飞路是法租界时尚的中心，那么静安寺路的时尚则是公共租界内首屈一指的。在新感觉派作家穆时英的笔下，静安寺路街旁餐馆充满了国际色彩，餐桌上装饰着典雅的东方式花瓶，瓶里装饰着十月的蔷薇，蔷薇的芯里散发着小夜曲的幽味。客人点的食品是意大利浓汤；冷肉，德国式的；一只烤鸡，加番茄、胡萝卜和生菜；一块菲力牛排；白汁鳜鱼；橘子布丁和一杯

蛋糕和咖啡

立德爾
靜安寺路二七八號
電話：三二三六二
本廳應各界來賓熱烈要求
決自今日起繼續舉辦
久別重逢
倍增情趣
准下午四時啟幕
國際咖啡廳
異國情調□生面別開
聯合僑滬十一國異國籍小姐
准時專伴華賓起舞坐檯出遊
不售門票……歡迎華賓……嚴禁制服
提早晚舞開場
一流設備 一流裝璜
一流舞星 一流飲食
純粹一流中國舞場
瑪洛傑維●八時起奏

国际咖啡厅的广告

咖啡；另加一大杯黑啤酒。

二十世纪三十年代，咖啡馆在上海分布极广，以静安寺路一带为最整齐，最好的咖啡和最好的蛋糕都可以在那里品尝。静安寺路的咖啡馆可以从“光明”和“国际”算起，往西有“皇后”“DDS”“凯司令”“泰利”“飞达”等，大小数十家。

光明咖啡馆位于跑马厅的对面，两旁是舞厅和戏院，为上海最繁荣的咖啡馆之一。其设特别间二室，布置富丽堂皇，座位舒适，对于宴会聚餐，最为相宜。光明咖啡馆设于 1934 年 1 月，初设时，一般人对于咖啡没有太多的好感，以泡茶室为主，后来逐渐将茶室风气带到咖啡馆里。由于光明咖啡馆处在舞厅边上，下午去那里，能找到一个座位不大容易，而所去的客人，晚上都要去舞厅溜达。当然，光明咖啡馆之盛，得归功于几位舞场记者。当光明还没受人注意的时候，一些专写舞场新闻的小报记者，常到那里，记者足迹一到，舞女亦跟进去，后来，光明咖啡馆就成为舞女与舞客之约会处。当时就有人说：“咖啡馆之得新繁荣，一半是女人的引诱，一半是虚荣心的催促，好像吃点心勿到咖啡馆，而到普通点心馆是勿吃价的。至于女人的引诱，那完全是派头问题，带了个女人，上咖啡馆是派头，至少比上茶室有台型多了。”

1935 年 3 月，为庆祝光明咖啡馆一周年纪

三週紀念
偉大貢獻

假座
大滬舞廳
光明咖啡館
舉行
聯歡茶舞大會
今日起
至十九日止每日下午四時至八時男賓奉送青紅茶
（一）大會期間內每客贈送光明咖啡館出品糖果一包
（一）●四班樂隊大會串●
大華舞廳全班樂隊
新華舞廳全班樂隊
（一）舞星
十八十九兩日三週紀念大桼每客七角五分
余金福君

光明咖啡馆的广告

念，华美烟草公司、汪裕泰茶号、梅林罐头食品公司、大沪舞厅假座大沪舞厅联合举行“空前盛况之联欢大会”。表演的节目如下。“玫瑰艳华”第一个登场，演奏的是格罗佩歌舞团，每一个随舞者的臂中抱一只玫瑰牌祁门红茶的盒子。第二个登场的是探莲宁和玛丽李娜合演的《礼物》。《礼物》是一个开玩笑的短歌剧，一个乡下男孩和一个乡下女孩在调情，有点像中国旧剧《小放牛》。“送你一样东西”，当男孩把一把扇子送给女孩的时候，突然插入一句中国话，现场观众感到很有趣。第三个是华美烟草公司的节目，为了宣传新产品“人寿烟”，特编节目，全系国粹化，聘请京剧演员饰一位逼真寿星，恭贺来宾。寿星在场中踏方步，并不开口，而是不断地把手中的人寿烟广告向四周观众展示。

来宾凭票进场，可得名贵赠品，如汪裕泰茶号的“玫瑰牌祁门红茶”、梅林罐头食品公司的“辣酱油”、华美烟草公司的人寿牌香烟、百昌行的“面友”、美最时洋行的“瓜同拿”药片、马宝山公司的饼干等。

光明咖啡馆的餐饮售价便宜，较之国际咖啡馆，则算平民化了。光明的火车座很多，可为情侣亲热地谈心，而坐在火车座外面桌子上的，则是大谈生意经。它没有异国情调，每天吞吐着不少人群，有商人、舞女、大班、作家、记者、交际花、小职员、“白相人”等，五花八门，无

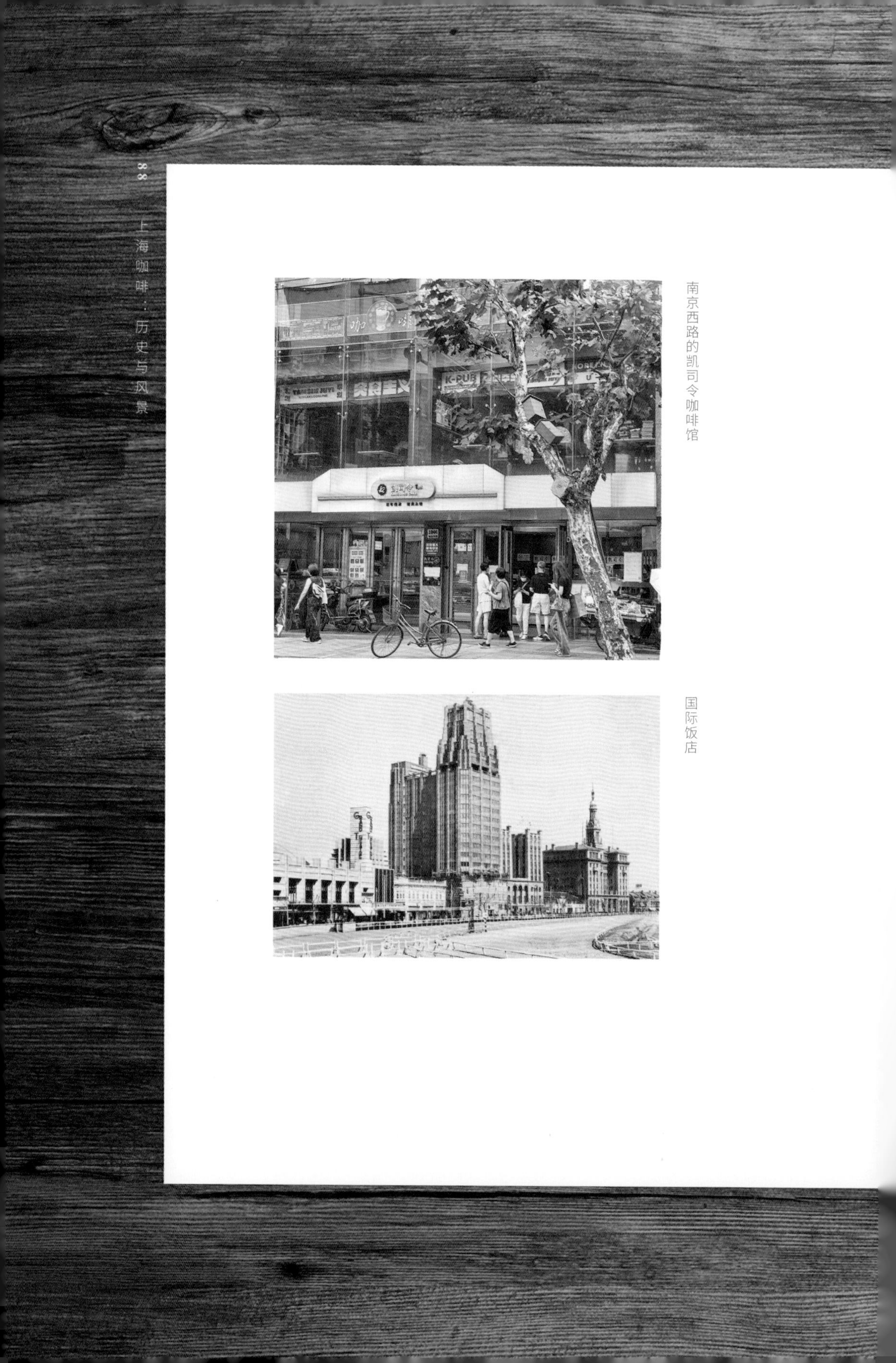

南京西路的凯司令咖啡馆

国际饭店

奇不有。时人曾有《光明咖啡座上》的诗句："已怜风露立难胜，正好栏杆到处凭，碗底咖啡黄似酒，座中客貌冷如僧。渐知哀怨从今始，将有风谣次第乘，过往一年留此会，漫劳归去思腾腾。"

国际饭店曾有多处咖啡厅。二楼自由厅，亦称音乐茶座，布置堪称富丽堂皇，花团锦簇的地毯和广幅橘黄的帘幔，使你置身于锦天绣地中，且因临跑马场，空气清新、阳光充足，坐在那里，更可体味到明窗净几之致。特别是踞坐靠窗边的几个座位，眺望跑马场，苍翠油绿的广场以及高矮不齐的楼榭，尽收眼底。

自由厅上午很早就开始营业，但生意并不旺盛，到了下午，生意便格外热闹，过了四点钟便常告客满。夏天的时候，冷气开放，凉爽如秋，馆内有六人组成的乐队，酣歌妙舞。至六点至七点打烊前，有两次一男一女的舞蹈表演。

与二楼比起来，国际饭店三楼咖啡座则生意清淡。仆欧多怠于应客，食客入座，视若无睹，喊一声茶点，往往历时弥久。沙发座位，椅套皆陈旧破损，不耐久坐。但是，当跑马场春秋试马之日，来此觅窗口茶座者亦有许多，"呷咖啡带看马赛，远近驰马之姿，尽收眼底，比之设座于跑马场之看台上，舒适良多，而视线所至，转得一望无阻焉"。

因三楼咖啡座生意清淡，后来国际饭店将

凯司令的咖啡

其移至一楼大厅。经装修后，富丽堂皇，气派豪华，生意大盛，每天下午四五时，即人满为患。若论光线，则楼下晦暗，远不如三楼的明朗。有人因此调侃说，上海人是不喜欢明光的。每逢周二、周四，有乐师在此演奏，时间自下午五时起。乐师于四时半左右至，先进西点、喝咖啡，俄延至五时，始徐徐举乐，在客人的眼光里有“架子奇大”的感觉，而所演奏的乐曲，也未必为座上客所欢迎。乐师在咖啡座摆架子，可能与客人的素质有关。国际饭店一楼的后期光顾者，“大都为抗尘走俗之徒，了解音乐者，故绝鲜其俦耳”。有人感叹道：“知识座客者锐减，独多暴发者。咖啡座本系高尚人士叙谈所，不意形成茶会。”

国际饭店的隔壁是西侨青年会大楼。对于大多数中国人来说，那是一个神秘的地方，很多人路过时不会进去，最多向里面张望一下。其实，楼内设有营业性咖啡馆，不论西人、华人，只要有钞票，一概可入。因为是青年会，不供应酒，包括啤酒。但咖啡是香美的，柠檬茶也不错。与国际饭店的嘈杂相比，青年会极静穆，环境相去悬殊。在寂寞时，从玻璃窗望出去，欣赏街景，也是消磨时间的方法。

DDS（弟弟斯）咖啡馆有好几家，静安寺路的那一家，门口贴有“弟弟”两个中文字，也被人称为“弟弟咖啡馆”。那里的装潢很好，奶

凱司令西菜社
NEW KIESSLING CAFE

本社佈置雅潔座位舒適精製歐美西菜茶點糖果衛生冰淇淋各種洋酒定製喜慶生誕蛋糕價廉物美諸君欲得高尚口味盍興乎一試招待格外週到

時間
上午八時至晚間二時
午餐每位一元二角半
晚餐每位一元五角

地址
靜安寺路一〇〇一號
大華飯店花園對面
電話三六七九四

凯司令的广告

靜安寺路八七八號
（近麥特赫司脫路口）
咖啡權威

皇家咖啡館

裝璜富麗・全滬獨一
坐位舒適・地點幽靜

適應各界需要
聘請名廚
添闢
歐式大菜
名廚烹調 味美適口
高貴食府 舍此莫及

●密切注意●
即將開幕
電話 三六八六五 三六九九二

皇家咖啡馆的广告

黄色墙壁陪衬着奶黄色沙发和座椅，显得非常调和。红色的台桌冲淡奶黄色的单调和严肃，加上一瓶鲜花，令人有留恋的好感。仆欧全是金发碧眼的少女，她们穿梭似的服侍顾客，妙曼婀娜。到这里喝咖啡的客人品位比较高，店内气氛宁静，尤其是在夜里，更加静寂。店里置一架钢琴，有钢琴手在此弹琴，曲目有《蓝色多瑙河》《当我们年轻的时候》等名曲。DDS 的咖啡和蛋糕都很好，冰激凌圣代有“尼浓”“弟弟特色”“孩儿梦”“春光”四种，但每客定价相当贵。

皇家咖啡馆位于静安寺路 878 号，1943 年设立，与 DDS 近在咫尺。自称是咖啡权威，装潢富丽全沪独一，与 DDS 相比，确实优秀很多。座位多，隔断的壁上装镜子，利用视觉错觉使空间显大，光线舒畅、环境恬静，“皇家”投资很巨，实力雄厚。有人说，这也是一种长眼光的投资，如果跳舞场被禁绝，皇家咖啡馆发财的机会就来了。

凯司令位于静安寺路、南汇路口，三层楼房子，每层都有座位，座位的装潢和布置，简单朴素，一切不甚讲究，“好像一个乡下的大姑娘，特异于那些浓妆腻理的都市少女”。全上海咖啡馆的营业时间，最早的当推凯司令。在夏令时节，早晨不到七点钟就已拉开铁门，七点一敲过，刚出炉的西点就陆续送来，七点半开始供

CPC 咖啡、面包

CPC 咖啡

泰利咖啡室
冷氣開放　涼爽舒適
請來一試　方知不謬
靜安寺路一〇六九號（戈登路斜對面）
電話　三五〇五〇

泰利咖啡室的广告

应茶客。凯司令之各式大蛋糕，其制焙之得法与可口，在上海算是佼佼者。可可、咖啡、红茶热饮的价格，亦相当便宜。凯司令小西点的种类很多，其中以“糖纳子”最佳，其次是奶油面包，早晨刚出炉的时候，热气蒸腾，吃起来，有甜香滞留口舌之感。凯司令的股东老板是福州人，仆欧十之八九隶福州籍，福州人去该店，完全可以使用家乡话。

CPC（西披西）咖啡馆为巴西华侨所设。最初设在静安寺路、铜仁路口，后来在霞飞路巴黎戏院附近开设支店。总店与支店虽是同一家，但营业方针和定价却略有不同，总店的饮品点心数量寥寥，只有热咖啡、冰咖、吐司、小蛋糕和汽水。支店还有冰激凌、冰激凌咖啡、热饼、三明治及中式点心面点等，总店只做日间生意，晚上八点关门。支店夜间门口的霓虹灯灿亮，要到近午夜才打烊。两家的设备均简单朴素，但论气氛总店比较幽静，坐在那里眺望静安寺路两旁的人与车辆往来如织，令人兴趣盎然。落地的玻璃窗，使行人站马路边就可以看到店员将烤好的咖啡豆磨成粉末，放在酒精炉上烧煮，香气扑鼻。禁不住会进去喝一杯，喝完可能还会带一包回家喝。

泰利咖啡室位于静安寺路、江宁路口，店主经常在各戏院银幕上做广告，特别提出其雄视海上的西点：“奶油泡夫”。泰利的牌子也全靠

沙利文麪包公司

《小沙渡新廈興建在即上海普益地產公司設計》

沙利文面包公司

沙利文咖啡馆

“奶油泡夫”来支撑：新鲜香甜、松脆适口，每天销量可观。泰利咖啡室的红沙发座坐起来很舒服，棕色的桌子也很美观，沙发座墙边有时会置一二盆景，悠然有致，灯光用柚椰形的木罩烘托，光芒不会向下追射，平淡而匀和。令人不惬意的是地方实在太狭小，好像一个鸡笼，沙发座毗接紧密，下午生意热闹的时候，肩相摩，背相接，局促不堪。假如有人想来此谈情说爱，那不是一个太合适的地方。

在上海西式咖啡中，沙利文咖啡馆以美式出名，音乐也颇具特色。沙利文咖啡馆原是美国船员沙利文在 1912 年创办的糖果糕点店，最初设在南京路、江西路口。后来在静安寺路设分店。二楼的二重奏时常令人神往，轻音乐节目如《白鸽》《春歌》《圣母颂》《小夜曲》等，真是千回百转，回肠荡气。“女士，让我吻你的手吧”，当一支西班牙舞曲奏起来的时候，从台上的盆花偷望过去，有人嫣然微笑。“莫忘吾”的音调更流入心里，无言相对，一点灵犀暗通，心里燃起火焰。当夜色苍茫，正想站起来要走时，正赶上《晚安，我的甜心》的笛声响起，于是以轻俏的脚步踏下古英国风的木楼梯。

太平洋战争爆发后，日军占领上海租界。初期，英美等国侨民作为“敌国”公民被监视居住。1942 年 10 月 1 日起，日本占领当局规定，敌国公民除了儿童外，外出时必须佩戴红色袖

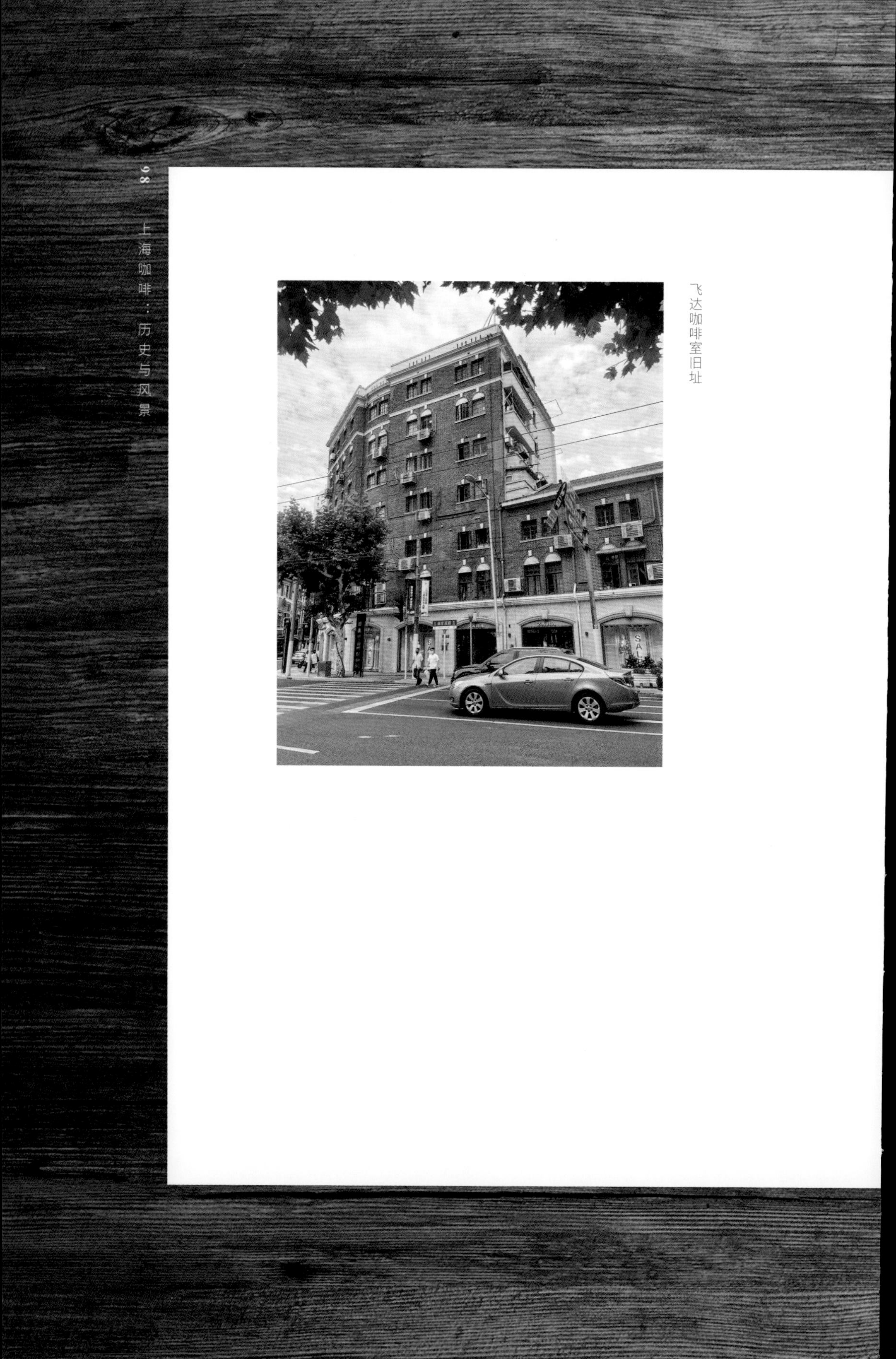

飞达咖啡室旧址

章，袖章分A、B、N、X四种，A是美国、B是英国、N是荷兰、X是希腊等交战国的代号。从10月15日起，必须佩戴红色袖章的敌国人，被禁止出入电影院、剧场、舞厅、夜间俱乐部、跑马场、酒吧等一般的大众娱乐设施，但是食堂、咖啡馆除外。因此，有人在沙利文咖啡馆，目睹一个英国家庭在日本宪兵监督下喝咖啡的情形："有一天午后，在沙利文咖啡馆中，看见敌国的宪兵陪着一对英国老夫妇和两个十余岁的孩子来吃冰激凌，英国人的脸上相当沉重而憔悴，孩子们还是欢天喜地，等到一杯水果冰激凌送到桌上时，英国人才露出微笑，但是一秒钟以后又消失了，敌人的宪兵很静穆的坐在旁边的圆形沙发上，虽然好几次也请他吃一杯，但他再三婉转地拒绝了。英国人佩上了B字的臂章，是否刚从集中营走出，由敌人监视着，那就无法去询问了。"（赵豪君《上海报人的奋斗》，1946）

飞达咖啡室，位于静安寺路、陕西北路口，贵族气息浓厚，以西洋人为多，中国人也不少。飞达的芳邻是平安电影院，咖啡室内部与平安的走廊仅隔一层大玻璃，在平安的穿堂里可以看见飞达的顾客，飞达的座客也可以望见平安的观众。这些观众有不少是教会学堂的女学生，讲究穿着修饰，漂亮的很多，男的也穿戴得有青年绅士风度。飞达的餐具精美整洁，座位恰到好处，坐得很舒服，四周谈话声只是絮絮细语。所

CAFE FEDERAL

飛達咖啡室

南京西路一一九九號

敬請老主顧注意

本年聖誕佳節特備

各種名貴糖果貢獻

歡迎參觀電話定製

名貴糖果

栗子蛋糕 杏仁糖製可愛小豬

聖誕蛋糕

濃厚咖啡 高貴盒裝什景巧克力

電話三五一七一號

CAFE FEDERAL

飛達

咖啡

靜安寺路一一九九號

精美茶點

精緻酒飯

上等德國式食品

大菜

每客洋二元

飞达咖啡室广告

有点心，选料上乘，入口松脆。西点以三明治为最佳，冷饮以鲜橘汁为好。来这里喝生啤的人很多，盛酒的酒杯口大底尖，像个花瓶，别具风趣。下午茶生意闹猛（热闹），过了三点常常客满。晚上较空，天热的时候，玻璃门窗洞开，再加上电风扇，暑气尽消，可以在那里久坐，看报、聊天。

静安咖啡馆，位于成都路西边，贴近张园。1942 年 5 月开幕。内部装潢，由新艺公司承造，设计新颖，布置堂皇，特聘上海一流厨司，西餐茶点，烹饪精良。聘全班罗马乐队，天天举行交谊舞会。

丽都咖啡馆，邻近美琪大戏院，布置绝佳，灯光柔和，座位幽静而舒适，咖啡香冽，女士们在电影开映前后，游息于其处者甚多。

静安寺路，虽是时尚之地，却也是政治斗争的旋涡，多次发生爆炸、暗杀事件，也波及咖啡馆。1938 年 11 月 6 日晚七时三十分，静安寺路 292 号葡萄牙人所设之贾克仁咖啡店内，突然被人投掷手榴弹一枚，当时爆炸，弹片击伤招待王小妹、张姓女性及英国水兵、美国水兵四人，捕房当局电召救护车飞送各医院医治。受伤人中以王小妹最重，双手双足均受重伤，送广仁医院医治。

1940 年 7 月 19 日下午，《大美晚报》总编辑张似旭（1900—1940）在静安寺路起士林咖

靜安
咖啡館
靜安寺路貼近張園
特聘名廚
烹調適合
國人口味
座位舒適
高尚西崽
侍應週到
上等特快午餐每客十元
羅宋湯
白汁桂魚
炸嫩雞
德國反茄
炒刀豆
醬油克四
咖啡
精美大菜每客十八元
各色果盤
奶油雞蓉蘆筍湯
炸明蝦太太沙四
燜火腿各菜
鐵排春雞
反茄片・煎反茄
香草冰淇淋
奶油咖啡
特備
美國
MAX WELL
洋房牌
咖啡
色香味特佳
敬請嚐試
歐美名酒
冷熱飲品
各式西點
無不美備

静安咖啡馆广告

啡馆被暗杀。《大美晚报》是一家以美国人名义发行的报纸，保持抗日立场，特别是该报的中文副刊《夜光》锋芒直指那些投汪的文人，指名道姓，骂得淋漓尽致，激起汪伪特工总部的不满，他们的攻击目标是编辑部和主编。1939 年 8 月，《夜光》主编朱惺光被暗杀，但是《大美晚报》没有屈服，继续对汪伪集团的丑恶行为进行揭露。1940 年 7 月 1 日，汪伪“通缉”张似旭，其不得已而迁居报馆中。工部局警务处曾派保镖一名随身保护，但不久被张似旭辞去。事发当天午后，他驾驶汽车到起士林咖啡馆小坐。当时有西籍同事，请予搭车，张笑道：“君如不畏死，同行可也。”不谓一语之戏，竟成谶言。起士林咖啡馆位于静安寺路 72 号，以奶油蛋糕及咖啡驰名，地方相当整洁。小楼一角，正面对着跑马场，一望碧绿，令人悠然意远。在平时，是大家游息和品茗的所在。张似旭到了咖啡馆，静静地躺在沙发上，看一本外国杂志，正在出神的当儿，好几个杀手都已站在他的身旁，等到他蓦然发现，枪弹已如雨下，其立时殒命。其时，正在邻室的一个波兰人拉斯若夫见义勇为，奋不顾身追赶凶手，在静安寺路 68 号亚开饰品公司门口，抱住一个凶手不放，结果亦死于暴徒的枪口。

张似旭毕业于上海英华书馆，曾留学美国哈弗福德学院，获学士学位，后在哥伦比亚大

起士林咖啡館

增闢禮堂 富麗堂皇

飲店開幕期內
爲酬答主顧起
見
西餐每客奉贈
冷盤沙辣各種
冷飲茶點一律
低價二成

喜慶宴會 歡迎預定

地址 赫德路二二五號（愚園路口）
靜安寺路七二號（西藏路西首）
電話：三七〇一〇 九五九七五

起士林咖啡馆广告

张似旭

学研究新闻学。1924 年回国，担任《华北星报》记者、《大陆报》编辑。1932 年任国民政府外交部新闻司司长，“一·二八”事变中日谈判时，襄助外交部次长郭泰祺出席停战会议。自加入《大美晚报》后，严厉揭露谴责日伪暴行，因而招致忌恨。逝世后三日，张似旭追思殡葬典礼在贝当路（今衡山路）国际礼拜堂教堂举行，六百多人参加。法租界警务处深恐汪伪特工又来搅乱，在教堂四周半里以内，派了大批探捕，把会场守卫得非常森严。当牧师朗诵赞美诗时，中外友人莫不隐隐啜泣，每个人的心坎里，都充满着愤恨和报仇的情绪。张似旭成仁后，各报除一致哀悼外，并不为汪逆所吓倒，仍主持正义如故、攻击敌伪如故。此后一个月内，汪伪对《大美晚报》进行疯狂的报复，先后暗杀总经理李俊英、国际新闻编辑程振章等人，但《大美晚报》坚持办报，直至日军占领租界后，才被迫停刊。

商业圈里
呷咖啡

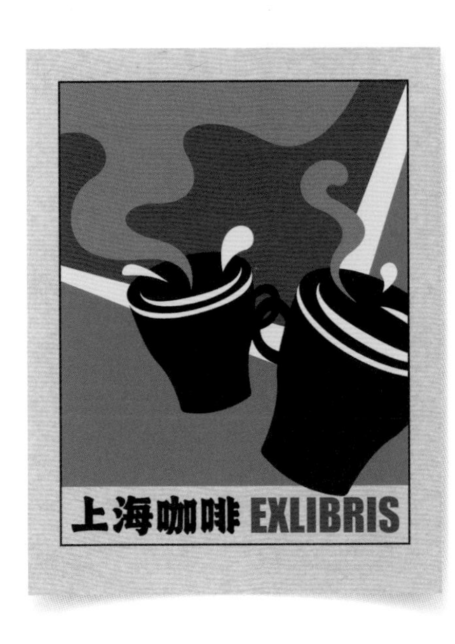
上海咖啡 EXLIBRIS

南京路步行街的景色

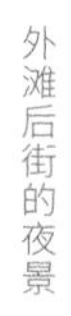

外滩后街的夜景

民国时代，上海人喝咖啡，多用“呷”字，翻开报纸、杂志，几乎都有“呷咖啡”的字眼：

为了眷恋那杯底的一些儿甜味，于是，我甘心呷这苦杯。

……

为了有一个“希望”，始终在我眼前炫耀，为这，我便忍受着，像呷一口苦味的咖啡，我一天一天地生活下去。

……

要呷真正色香味好的咖啡，去咖啡馆，倒有现烧的滴滴蒸馏的爱司达，价格便宜，东西崭新，但因太刺激，容易睡不着觉。

上海的商业圈，亦称十里洋场，聚集着呷咖啡的人群，但与西区的霞飞路、静安寺路的咖啡风情不同。所谓上海商业圈，即指以南京路为中心的十里洋场。1924 年出版的《上海轶事大观》说：“上海二字，系包括全邑而言，凡在邑境范围之内者均应称为上海，无待言也。乃流俗所指上海，仅南至洋泾浜、北至苏州河、东至黄浦滩，西迄泥城桥，专属英租界之隅，名为上海。故在虹口或南市之人赴英租界者，每曰‘到上海去’。”

上海商业圈的都市功能与消费增长的相互作用，造就了上海都市文化在二十世纪二三十年代的高度繁华。同时，上海都市的时髦性，又被

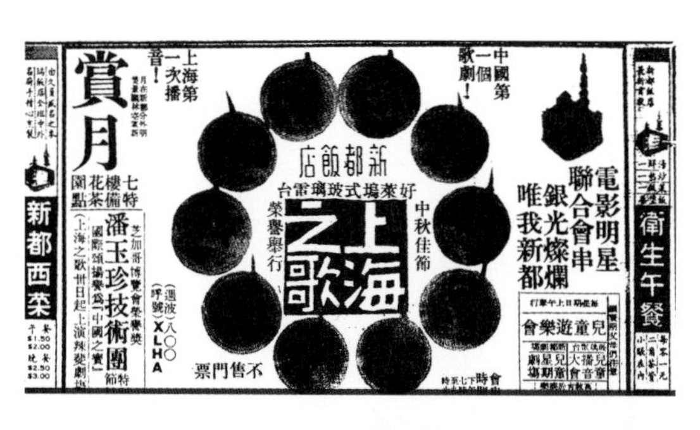

衛生午餐
電影明星
聯合會串
銀光燦爛
唯我新都
兒童遊樂會
中國第一個歌劇！
新都飯店
好萊塢式玻璃電台
中秋佳節
榮譽舉行
上海之歌
不售門票
（週波）八〇〇
（呼號）XLHA
上海第一次播音！
賞月
特備茶點
七樓花園
芝加哥博覽會榮譽獎
潘玉珍技術團
特節
新都西菜

新都飯店
六樓冷氣
七樓花園
八月份新展開
花園夜座
無疑，又是
中心區夜花
園一隻鼎！
特色之一
冷熱飲
一律連捐
小四千元
每晚九時起
今夜起舉行！

新都饭店的广告

称为地方特征的“潮性”。《上海鳞爪》说：“上海滩上每逢产生一种新事业，只消时髦些、发达些，就会有人跟着学步，如潮水一般的蜂拥起来。”“有人说，上海地近大海，天天饮足了含有潮水性的自来水，故一窝蜂的性质已成为上海人的第二天性了。”因而，当咖啡馆与电影院成为都市文明象征的时候，商业圈里自然会有不少咖啡馆涌现，所不同的是，顾客以逛马路的人群为多，他们喜欢在购物的中途呷咖啡。当然，也有不少享受夜生活的人，霓虹灯闪烁下的咖啡馆，也是他们梦幻的地方。

新新公司，作为南京路第三家百货公司于1926年1月开张，大楼是七层楼高的近现代主义建筑，由匈牙利建筑师鸿达设计。该公司将日用商品例如罐头、酒、烟草、文具、化妆品、金物、南货、西药、手帕、袜子、服饰等都设置在一层商场，吸引行人进入店内。此外，新新也是上海商场中最早装置冷气空调者，“馆内标准温度华氏80度（摄氏26.7度）”，“（上海）唯一的避暑胜地”。许多以乘凉为目的的人也纷纷进入商场，新新成为市民休闲场所。新新在屋顶辟设游艺场，设剧场、书场等四所，上演申曲、越剧、杂技、京剧等。1939年7月，又将六、七楼的游艺场改建为一个适合富裕阶层游乐的饭店，取名“新都”。饭店顶层设夜花园，有甜蜜座、幽雅房座、咖啡茶座，设备较华贵，并

永安新廈七樓

永安花園咖啡室

室內茶座
露天

七重天

花園大餐座
茅亭咖啡座
露天冷飲座

高尚樂隊助興

●營業時間●
每日下午二時起

「七重天」咖啡室广告

备乐队与舞池供客跳舞，为新型酒菜馆里的茂美乐园。咖啡座里，歌声悠扬，灯影柔和，招待殷勤。侍员均受过教育，无都市庸俗脂粉陋习。“都市娱乐，引人堕落者多，导人为善者鲜。今茶座而曰君子，夜谈止于咖啡。”有人写道：“跨进新都咖啡座上，看着角落里的书架，我仿佛置身于富有诗意的法兰西的文艺沙龙里。侍者问：咖啡、红茶、可可？红茶太浓，咖啡太刺激，可可似乎太甜了，还是咖啡吧！上海的咖啡馆，我都去过，不过最爱的是新都那种柔美、悠情、温静。”

位于“七重天”的永安花园咖啡室也是上海的一处高级消遣之地，其建在新永安大厦宽阔的阳台上，辟成一个火树银花的夜花园，那里有茂林修竹、各色花卉，还有几座华亭小筑，正中是特色的星形舞池。乐队每日演奏爵士名曲，游客可与伴侣翩翩起舞，进点美酒佳肴，还可品赏香浓的咖啡，俯瞰南京路的夜景。

位于江西路、福州路口转角的都城饭店，因位于上海商务运输及银行之中心，故极为重要，堪称为适应现代需要之商业旅馆。上海的重要集会大多假座于此，而周游世界之旅客，亦大多下榻该店。其开咖啡馆，除以招待住店客人外，也招待一般客人，由于行人大多不知情，故店内静中有趣，异于其他同业的喧闹。早茶上座特盛，来者皆附近“写字间”阶层，八点钟即开

汇中饭店的酒吧，供应咖啡与茶

沙利文咖啡馆广告

炉供应咖啡，其间付账制度，沿用美国风，咖啡上来，随带账本。1948 年物价飞涨时，咖啡的费用也随时变化。时为八点钟，咖啡价格，每杯三元；九点钟不到，再喊一杯，账单改开五元；十点钟之后，此间咖啡，忽售每杯七元。二小时内涨三次，也是当时物价指数的变幻真相。

汇中旅馆，位于南京路与外滩的交汇处，白色外墙，红砖腰线，香槟式色彩，文艺复兴时期建筑风格，建于 1906 年，为当时上海最华丽的旅馆。汇中旅馆的设备布置，俱极富丽。一楼有可容纳三百人的宽敞宴会厅，附有美式酒吧，并在南京路方向设门窗，便于旅客眺望街景。酒吧里供应咖啡与茶，售价便宜。沙发的座位，古典的音乐，给人一些忧郁、温暖之感。坐在那里，拣那靠窗的位置，眺望浦江和街景，这是最能代表上海的一段马路。你更能听到轮船的歌唱、码头的号声，那里能消磨你小半天，让你觉得胸襟宽广，没有一般咖啡馆那样浮嚣窒息。

离汇中不远的是沙利文咖啡馆总店。沙利文本是糖果糕点店，店名是 Bakerite Bakery，旧译“焙利面包房”，后来兼营咖啡西菜，叫 Chocolate Shop，意译是“朱古力糖店”，但中文名称依然是沙利文。最初的沙利文只有半间小门面，仅在玻璃窗上写着沙利文及茶室的字样，室内小得可怜，除了一个小柜台之外，只有几张小桌子、椅子，夏天卖冰激凌，也有茶点之

沙利文咖啡馆

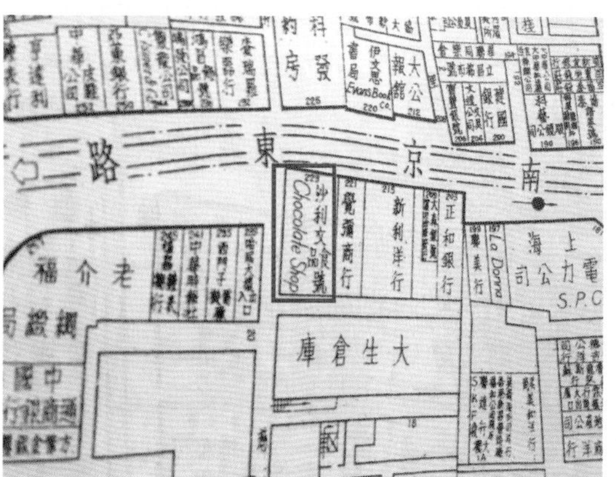

1947年上海市行号地图上的沙利文咖啡馆

类的饮品。有趣的是，招待员全是女性，而且是缠足的女性。美国人在东方开店，用东方的特色来点缀，也不失为一种招揽的方法。这家小店铺开了很久，后来慢慢地扩充，终于成为南京路的名店。沙利文后期经理是一位美国女士，一切口味，全部美国化，很有不惜工本之意。在这午餐的主顾大多是大公司职员、律师、医生等。1931 年夏天，一位美国人曾来过这里，写了如下的回忆：清洁卫生的乡愁所在，中国最具美国风格的场所。

在南京路散步，沙利文咖啡馆非常值得一坐。坐在二楼的一角，可遥望对面的科发药房，隔壁是大公报社。在那里，不一定要喝茶或咖啡、朱古力之类，那里的冷饮料是四季常备的，都市女性会叫一杯可口可乐或柠檬汁。还有一个“亚美利亚姑娘”的香艳名字，那是一杯特制的果汁冰激凌。

马尔斯咖啡馆，位于南京路 147 号，近江西路。资本金五十万元。系东欧名烹饪家合资创办，经理李比亚门。茶点餐菜颇多东欧风味。门店进口处狭小，入内则宽敞。奶油蛋糕，上镶杏仁酥一枚，乃为妙品。咖啡不昂，顾客中，西人、华人各半。西人多为犹太商人，将此作为茶会场所；金融街有“犹太气息”的华人经理，请友人谈话，亦常常在此。故马尔斯有“犹太咖啡馆”之称。该店自设可可白脱厂于沪西，出品颇

咖啡馆女招待

二十世纪三十年代设在南京路上的冠生园公司

为精美。

马尔斯咖啡馆在中央大厦附近。位于九江路南京路间、靠近四川路的中央大厦，是上海金融交易所的旧址。中央大厦的南北走廊，原为便利职业商人之交通，然而却被各种黄牛所觊觎，他们集中于该地，进行交易，其中也有不少犹太人。二十世纪四十年代，每天上午九十点钟，这批犹太商人成群结队地从虹口出来，穿过四川路桥，来到这临时市场。每个人的服装都很挺括，如绅士一般，但都带一个皮包，手里拿一个本子，机敏地打听行情，做投机买卖。有的高谈阔论，有的咬耳细语，有的一个人踱来踱去，有的悄悄地在角落里算账。他们点数大叠的钞票，各种钞票在他们手中盘来盘去，买进卖出。同时，他们又是呢绒、药品、纸烟等杂物的掮客，顾客都是圈内人。近旁的两个咖啡馆，即马尔斯与沙利文咖啡馆，完全是他们的世界，女侍殷勤地招待他们。

以南京路为中心的商业圈，咖啡馆的风气渐成，“洋洋乎咖啡世界”，各类商人纷纷将其作为新事业、新风尚而蜂拥而上。

创立于1918年的冠生园，产品涵盖糖果、蜂制品、面制品、调味料、酒类、饮料等。1933年，冼冠生率各部门负责人到日本参观访问，得到启发，回国后制出了杏华软糖、鱼皮花生等产品，还雇佣外国技师制作果酱夹心糖，在

精美
咖啡館

新
•特術增•
經病正
中西興
午餐館
。。式

蘇錫
中菜

名廚烹調
美味價廉
西菜西點
麵點咖啡

南京路英華街大東旅館對面
電話
九〇四九三

精美咖啡馆的广告

民国时期，此类都是首创产品。1934 年，冠生园假座“大世界”举办月饼展览会，特邀影后胡蝶制成著名的宣传广告“唯中国有此明星，唯冠生园有此月饼”，轰动上海。在咖啡风潮中，冠生园也开了一个咖啡室。不过以咖啡为名，主要提供快餐，例如 1937 年 2 月，每日上午十一时至下午一时半，添置一种经济午餐，仅需三角五分，菜单逐日更新，经济美味，兼而有之。

南京路英华街（今金华路）25 号精美食品公司，位于大东旅社对面，1927 年开业。该公司拥有房屋一百余间，以烹调精美而著称，所用食材，不惜资本，如云南火腿、泰县虾子、香港鱼翅等均由远道购来，所制食品无样不精，无美不备，故“精美”店名，深得好评。1936 年 11 月，为方便各界叫菜起见，特创汽车送菜方法，凡拨电话 90314 通知，即配汽车送达，既稳且速，不论冷热菜肴，均能保持原味。此为上海菜馆业的创举。1942 年 12 月开设咖啡馆，亲友竞送花篮致贺。该馆主人凌剑鸣，以花篮近于靡费，爰请折成现金，捐助学金。但是，精美餐厅，包括咖啡馆在开放冷气后，其饮料取费与永安公司“七重天”相等，引起顾客不满。两者在地位上的距离，有一流与四流之异，置备一台冷气机，开支之增是事实，但不能因此大涨价。特别是店内的布置品味不高，“四壁琳琅的美术字彩色广告令人生憎，使人有入小饭店之感”。

扬子饭店的咖啡馆

四马路也有不少咖啡馆，如中央菜社，位于四马路730号，创设于1925年年初，以烹饪讲究、房间整洁、座位宽敞等闻名，为食客所赞美，夏天营业至深夜二三时，为沪上菜社之少见。1943年4月16日，为扩充营业，每天下午二时至五时，特设咖啡茶座，有音乐伴奏，后又设夜咖啡。

1921年，日本作家芥川龙之介访问上海的头天晚上，吃完饭后，便在热闹的四马路上闲逛。他们在一家名叫“巴黎”的咖啡馆，欣赏跳舞。

舞池相当宽敞，然而伴着管弦乐队的乐声，电灯光忽红忽绿，变幻着色彩，这一点却酷似浅草，只是管弦乐队的巧拙，则浅草根本不在话下了，尽管这里是上海，毕竟是西洋人的舞厅。我们坐在角落的桌子旁，一面喝着茴香酒，一面观赏一袭红衣裹身的菲律宾少女和身着洋服的美利坚青年欢快地联袂起舞。记得是惠特曼还是谁的短诗里说，年轻男女固然美，而上了年纪的男女的美则别有一番韵味。我一视同仁，当一对肥胖的英吉利老夫妇舞至近前时，便不由得浮想起来，觉得言之有理。

但他将自己的浩叹告知友人时，却被其付之嘻嘻一哂，而友人说，他看到老夫妇跳舞，不

南京咖啡館

今日開幕

請由新華舞廳大門出入

本館不惜重金聘請著名技師精製各色蛋糕歐美點菜及牛奶咖啡各種冷飲洋酒並兼售糖菓等類座位無多荷請各界仕女早臨爲盼

本館主人謹啟

電話八五五四一號

愛多亞路南京大戲院隔壁新華舞廳內

南京咖啡馆的广告

近代咖啡馆多设舞池

问其肥胖还是瘠瘦，总也难禁喷笑的诱惑。

从巴黎咖啡馆出来后，已是晚上十一点多，芥川龙之介与友人步行了一会，又到另一家咖啡馆。“这家咖啡馆看来远较巴黎咖啡之类低档。涂成粉红色的墙边，梳着分头的中国少年，在敲击着一架大钢琴，而咖啡馆的中央，三四个英吉利水兵，与面颊抹得通红的女人们捉对跳着吊儿郎当舞。”

咖啡馆的上海见闻，为芥川中国之行的第一瞥。

南京大戏院邻近的南京咖啡馆，具有富丽堂皇的外表，二楼是新华舞厅，踏进其门似乎稍稍有点贵族的气息，但到那里呷咖啡的人，并非品流高尚，有人竟穿一件汗衫入座，不成样子。南京咖啡馆的生意大半靠一般舞客与舞女捧场，茶舞前后，相偕来此小坐的很多。此外，该馆布置虽不算富丽，但还相当美观，各种东西的价格并不贵，可是没有什么特色。蛋糕做得很好看，但并不好吃。咖啡味道亦不浓郁。仆欧的制服很整齐，但待客的礼貌与态度不够水准，常常围站在门口聊天。

浦东大楼，位于爱多亚路（今延安东路）740 号，爱多亚路与福熙路（今延安中路）交接的地方，为杜月笙所建。其楼下曾辟为“旋宫舞厅”，亦是浦东同乡会所在地。由电影《四姐妹》而结义的四姐妹——龚秋霞、陈琦、张帆、

海上新詠　天覺

口姊妹咖啡

當年豔說「璇宮」事，今日重開「姊妹花」。舞袖歌衫都似夢，「梅花落盡見「秋霞」。

浦東大樓，爲杜月笙先生所建。共樓下昔年闢爲「璇宮舞廳」。嗣唐若青曾演話劇於此。今則改爲咖啡座，海上人士，創辦事業，大都藉「一窩風」，今則此「一窩風」已過去矣。四姊妹中，以秋霞爲領袖，猶憶昔年魏縈波女士及「黃昏」創辦「梅花歌舞團」時與秋霞與翁蘭魂二人，並有豔名。魏女士率團員游蜀，曾爲軍人所困，落紅狼藉，一時傳爲異聞，今則徐娘投老，非復當年姚冶之態矣。昨與友人約談於其間，不見此豸倩影。吾友固係絛少年爲「某女作家」之「離婚夫」，不禁爲之惘然也。

《海上新咏·姐妹咖啡》

四姐妹咖啡馆的广告

陈娟娟，自电影上映以后，非常走红。1944年12月8日，四姐妹咖啡馆在浦东大楼开张。当天下午三时，由时任华影副总经理的张善琨揭幕，演员胡枫、王丹凤剪彩，严俊担当司仪，盛况空前。开幕式上，四姐妹亲自出马，招待来宾。大姐龚秋霞穿咖啡色花旗袍，老二、老三、老四都穿不同颜色的花衣裳。报坛前辈朱凤蔚先生，三杯落肚，老兴勃然，请四姐妹引吭一曲。于是龚秋霞唱《蔷薇蔷薇处处开》，陈琦唱《卖糖歌》，张帆唱《我爱我妈妈》，陈娟娟唱《讨厌的早晨》。

开幕那天，四姐妹都以董事兼副经理的身份亮相，她们都是第一次当老板。大姐龚秋霞说："吃艺术饭，真是越吃越没有办法，公司发下来的薪水，还不够做一件大衣，即使拿一个戏的酬劳，又能够买几担米？"有记者问她："龚老板，别的我们不谈，谈正经话吧。告诉我一点你们四个姐妹，怎样合作来开这一爿店？"二姐陈琦立即纠正说："不，不是店，是咖啡馆。"三姐张帆又立刻下一个注释："说店并无不可，说做一种'生意经'也无妨，总之电影不能当饭吃，还是改行。"最后是四姐陈娟娟的冷语，意味深长："此刻的上海人，都得喝杯苦咖啡。"

但是，四姐妹咖啡馆的生意并不好，广告宣传也不尽人意。赠送团扇，称赠送"圆形摇风"，时人说"摇风"两字系浦东土话，并不风雅。"咖

四姐妹咖啡馆开幕

啡馆视广告为宣传要途，以论事实，所做广告要给识字的人看，足以喷饭，不识字的人亦不会看，等于白做耳。”四姐妹咖啡馆夏季没有冷气和夜花园，售座率不高，春秋冬季，亦从未过客如市。有人称四姐妹咖啡馆为“四季霉咖啡馆”，并谓“风水所系，定名亦不可不慎于先也”。

四姐妹的咖啡馆也是生不逢时，当时来自拉美的咖啡断货已久，市场上的一些咖啡是赝品，甚至掺杂着烧焦的麦芽、黄豆粉之类，有人将不正宗的咖啡讥为“烧焦的黄豆汤、红糖水”。那一时期的上海人呷咖啡，其实喝得正宗的能有几何？不过，以咖啡为题的生活场景，却日见增多。

童芷苓是著名京剧表演艺术家童祥苓的四姐，童祥苓与二哥童寿苓、四姐童芷苓、五姐童葆苓一起使“童家班”扬名京剧界。1948 年 11 月 6 日，《罗宾汉》“新舞台”栏目刊登王小二编辑的《童芷苓咖啡当饭》，以咖啡为题，不是时尚，却反映了饥饿时代的生活一幕。

（童芷苓上唱）：一日三餐吃不饱，饥肠辘辘如火烧，各家店铺打烊早，饿得我两眼金星冒！也曾命寿苓去动脑，一去不回为那条？

（童寿苓上唱）：大街小巷跑遍了，难觅饮食心中恼，空去空回好焦躁，再受斥责吃不消。

（童芷苓唱）：托你之事办不好，不差笨牛

新舞台

王小二文

童芷苓咖啡當飯

（試花旦上唱）一日三餐吃不飽，飢腸轆轆如火燒，各家店舖打烊早，餓得我兩眼金星冒！也曾命寶荅去動腦，一去不回爲那條？（寶荅上唱）大街小巷跑遍了，雖覺飲食心中惱，空去空回好焦躁，再受斥責吃不消。（花旦唱）託你之事辦不好，不差涿牛半分毫。可有大餅與油條？（寶荅唱）只剩咖啡與麵包。（花旦白）還像也好。（唱）我將咖啡當菜肴，再吃十塊大麵包。（寶荅唱）一碗一碗添不了，結果還是吃不飽。（問嗟介）喚！還是那裏說起。

時代劇場前晚……彩而爭執，鬧成……破血淋，在場客都逃至一空云。

大三元前晨九時起已復業，麵點較限價時漲上五倍多。

「童芷苓咖啡当饭」

半分毫，可有大饼与油条？

（童寿苓唱）：只剩咖啡与面包。

（童芷苓白）：这样也好。（唱）：我将咖啡当菜肴，再吃十块大面包。

（童寿苓唱）：一碗一碗添不了，结果还是吃不饱。

（同叹息）：唉，这是那里说起。

同年9月25日，《大公报》刊登署名穆冶的《咖啡和牛奶》，这篇以咖啡为题的小品，反映了小市民的狡黠。

一个客人走进了一家咖啡店：

——老板，来一客牛奶！

老板送上了一杯牛奶，客人却变了主意：

——老板，牛奶我不想吃了，你换给我一杯咖啡吧。

老板换来了咖啡，客人喝了咖啡，站起来就走了。

——客人，你还没有付咖啡的钱呢？

——咖啡？为什么要我付咖啡钱？我用牛奶和你换的呀？

——可是，客人，牛奶钱你也并没有付过。

——牛奶？我根本就没有喝，为什么要我付钱呢？

在老板想晕了头脑的一瞬间，客人走出去了。

苏州河北岸
咖啡

上海咖啡 EXLIBRIS

这里曾是旧时虹口的「欢悦之街」

本文所说的苏州河北岸咖啡，主要指虹口的租界地区。当时杨树浦、闸北等地鲜有咖啡馆。

虹口因虹口港而得名。明初，上海浦北段流入吴淞江的出口处被称为“洪口”。清顺治年间，“洪口”改称“虹口”，原上海浦北段遂称“虹口港”。尔后，沿虹口港一带地区被泛称为“虹口”。明清之际，虹口港两岸为船民停舟、渔民晒网之地，稍入内始为农田村舍。

1848 年，美国圣公会传教士文惠廉越过苏州河来到虹口传教，并广置土地，建造房屋，建立教堂，还向上海道提出建立美租界的要求。经交涉，上海道同意将虹口一带作为美租界，但是没有正式协议，也没有确定四周的界址。当时，虹口因苏州河的交通不便，被认为是上海的“灰姑娘”，外国人很少。1863 年 6 月 25 日，美国领事熙华德（George Frederick Seward）和上海道黄芳商定美租界的范围：西面从护城界（即泥城浜）对岸之点（约今西藏北路南端）起，向东沿苏州河及黄浦江到杨树浦，沿杨树浦向北三公里为止，从此处划一直线回到护城界对岸的起点。这便是最初美租界的地界。1893 年，工部局按“熙华德线”的基本方案，进行第一次租界扩张，虹口北线扩至吴淞路、老靶子路（今武进路）一带。1899 年，又进行第二次扩张，虹口界线自第五界石起至上海县北境，即宝山与上海

北四川路

四川北路的咖啡

县交界处。此后，苏州河桥梁不断架设，苏州河北岸居民亦逐渐增多，虹口由市镇发展扩大。

说起虹口，离不开“三种人”，即广东人、犹太人、日本人，这是在虹口集中居住的人群，其社会生活及其文化，也是上海近代历史的重要内容。

北四川路自苏州河至老靶子路一带，是虹口最先繁荣的区域，也是广东人在虹口的集中地，所谓虹口的“欢悦之街”，亦指这个区域。这里有众多的跳舞厅、电影院、游艺场、京戏馆、新剧社、茶楼、咖啡馆、按摩院、妓院等形形色色的消费场所，吸引着各色人等。1931年，《良友画报》主编梁得所在题为《上海的鸟瞰》的文章里说，北四川路是开心而不板着面孔的。“入夜后，经过跳舞场外，也许能够听闻里面的乐声，奏着最近流行的‘Broadway Melody’”——

> 大路行人勿皱眉头，来到此地无忧愁。
> 长叹短叹太不时髦，这条路上一向笑容好。
> 百万盏灯火闪闪亮，百万颗心儿勃勃跳。

梁得所是广东人，他所说的“开心而不板着面孔的”，也包括后起之秀的咖啡馆，如“汤白林”“汤白林分店”“三民宫”“锠基”“良友”“纽约”“华盛顿”“维纳斯”等十余处，与上

北四川路夜景

咖啡女郎

海西区咖啡的时尚与休闲不同，广东人集中地的咖啡馆主要以欢悦为特色。当然，顾客人群中，广东人（包括中、大学生）所占比例不小。早在 1929 年 5 月，一家报纸就以《咖啡馆里的广东少年》为题，记叙有关情形：北四川路上咖啡馆，“总是挤满了不少西装少年，这班少年之中，大多数是广东人，他们度惯了枯燥的学校生活，难得狂放，所以到了咖啡馆，眼见许多女招待，为之脱帽，卸大衣，已经乐得手舞足蹈，假使你是老主顾，他们招待起来，格外殷勤献媚，和你促膝谈心。几家咖啡馆里，备着留声机，你要是高兴和女招待跳舞，可以开起留声机代替音乐”。

名声较响的是汤白林咖啡馆，其最初设在虬江路月宫舞厅的对面，分楼上楼下两处，顾客到这里来并非想喝咖啡，而是要与侍女抚摸与接吻。那里的侍女有十几位之多，她们的主要方法就是使顾客请她们吃糖。糖的价格很贵，她们并不把糖放到嘴里，而是在顾客走后去换大价钱。汤白林分店开在北四川路、海宁路口，称“新汤白林”，也是一上一下的房屋，门口有一块牌子，上面写着“美丽少女，免费伴舞”。楼下供应茶水、简餐，中心是在楼上，柚木皮垫的座位，一个个排列着，形成自然的房间，和头等卧车差不多，入口处挂着丝绒的幔，随时可以拉拢。地下是打蜡的地板，头顶有五六盏灯，但非

新汤白林咖啡馆的旧址

常幽暗，里面有七八位服侍客人的姑娘。当客人从楼梯上去的时候，站立在楼梯口的侍者就会打铃。铃声一响，就有三四位姑娘出现在楼梯口，笑面迎接，给你脱帽脱大衣，招待你到火车座里，又拿出一块玻璃牌，上面有咖啡、茶的名称，问你需要什么。如此以后，女招待可免费伴唱、伴舞、伴酒、伴聊天，红色嘴唇亦可亲热，但小费必须大方，否则离店时，后面会有嘘声追来。客人饮红酒时，侍女也要喝。她们还要吃水果、糖果等，一切均由客人埋单。有人记载内中情景："各厢位皆垂下布帘，寂然无声，就座后，眼偶下视，有几对男女脚儿，频频活动，原来是侍女热情地招待客人。"因此，有人称这是上海神秘的咖啡馆，只要付钱，就能买到接吻、拥抱的服务。

这里的侍女，没有文艺青年喜欢的浪漫情调，而是充满了情色的诱惑：

如果你在那车厢式的咖啡座坐下，很快就有一位，一位满有爱娇的咖啡女，她的脸上挂着够媚惑的笑，而且她使用一种足够悦耳的声音，满有礼貌的对你说：

——先生，咖啡？还是可可？啤酒也开一瓶吗？

——不，先来一杯柠檬圣代，因为我实在太热了。

汤白林咖啡馆

北四川路中

湯

對面大戲院

座位雅潔
菜肴精良
中西茶點
各色名酒
價格低廉
女子招待

汤白林的广告

当你说完了这句回答以后，她便姗姗地去了。而她却轻轻的托着雅致的白磁盘来了。盘中，是你没有说的，那里有冰可可、啤酒、白汁鳜鱼、牛排炸虾球、柠檬圣代……总之，是那样的多、是那样的多哪！

于是，她很敏捷的开了啤酒，在你面前的那只捷克斯拉夫的高脚杯，满满地斟了一杯，同时，她也替自己斟了一杯。一面便轻盈地坐下来，在你的身旁，和你贴得那样近，那样的近，而你的尊鼻的嗅觉，是同时有着酒的香味，女人特有的香味，可以供给你尽量的容纳呵！

如你并不缺都市男女的调情的本能，那末你尽可以施展一下，你不妨请她喝一杯也不妨喝下一杯她拿到你嘴唇边上的酒……但你也不要太狂，太大胆。

咖啡女，咖啡女不仅是供给你一杯浓浓的咖啡而已，她给予你，一朵笑，一回娇嗔，一回嫉恨，一点温馨，她可以为你助兴，只要你是豪兴的，她也可以为你解愁，那种顽皮的，薄嗔的，爱娇的神情、姿态、眉眼、话语。在在是使你忘记了你的疲倦，烦忧。你想，咖啡女，难道只是给你一杯咖啡而已的吗？

维纳斯咖啡馆的华名是“老大华”，原为规模较大的舞厅，热带风格的装潢，灯光暗淡，音乐缠绵。店堂装玻璃球灯，乐队演奏华尔兹舞曲開業伊始！

現代的室內裝飾！

音樂的殿堂！

白鳥珈琲店

爲一高尚之社交場所必請一往!!

上海老靶子路二七九號

北四川路口

老靶子路上白鸟咖啡店的广告

时，特制灯光直射球上，球不停地转动，灿然如珠，变化无穷，乃当时的奇观。1934年年初，老大华舞厅于每天下午五时半起，举行上海从来没有过的“咖啡舞会”，特选上等咖啡，煮法与众不同，为舞场别开生面之举。

三民宫咖啡馆在虬江路，“锠基”和“良友”并列在老靶子路口，“纽约”与“华盛顿”并立在上海大戏院（北四川路、衡水路口）隔壁，但生意远不及汤白林兴盛。纽约咖啡馆兼酒吧，侍女不亢不卑，没有伴舞的服务。

高乐咖啡馆位于北四川路、老靶子路口，兼酒吧性质。舞场不很大，可容四五对舞伴跳舞。那里有一个五人乐队，还有女歌星轮流客串唱歌，而且都会唱中外名曲。来这里的客人一般会携女伴，聊天、听歌，坐几个小时，客人会有“落位”之感。

作为神秘之街，虹口不乏以咖啡馆为名做色情生意的地方。位于老靶子路、海能路（今海南路）转角的思心咖啡馆创设于二十世纪二十年代，屋宇宏大，容鸽笼之室三十余间，每两间悬一灯于楣，暗淡无色，室中仅一桌一床一凳，主要接待外国人，当然，西装西语者亦可。性交易一次二元，过夜则六至八元不等。导游者取十分之一，其余分三：一份归色相牺牲者，一份归老板，一份归房东。店内供应西餐，比外面贵一成。亦可跳舞，但不请乐队，以留声机代之。店

海门路、霍山路，曾为犹太难民的咖啡馆集中地

内色相牺牲者大多为粤女与东洋女。当时，那一带的黄包车夫常诱客："东洋女人要白相吧"，一旦乘客心动，就驶往那种地方。

犹太人进入上海经商的历史，最早可以追溯到十九世纪中叶，也有一些犹太人很早就在虹口地区生活。1917 年俄国十月革命后，来上海避难的犹太人开始增多，虽然大部分居住在法租界，但依然有些人向往提篮桥，那里有犹太人开设的商店，华德路（今长阳路）也有他们聚集的"兰村"。华德路的摩西会堂，供俄罗斯和北欧犹太人使用。上海人对犹太人的"狡猾"留有深刻的印象，有人说："他们不论在任何事物上，常常会乘着可取的小小机会，很轻便地占人家的便宜：比方你偶然向一个犹太人借一支火点根香烟，他也会向你讨回一支香烟来做火柴的代价。"

二十世纪三十年代后期，大批欧洲犹太难民进入虹口后，以其创业者的智慧，不断改变着那里的面貌。他们将住宅进行彻底的翻修，配备卫生设施，并对沿街门面按照西方样式进行装饰。短短两年间，塘山路（今唐山路）、熙华德路（今长治路）、华德路等街区得以重建，在犹太难民集中居住的虹口出现了被称为"小维也纳"的提篮桥商业风情街，那里德文招牌林立，好像德国或奥地利的一个小镇，有奥地利式的露天咖啡馆和屋顶露天平台，还有许多冠以"维

犹太人的露天咖啡馆

犹太人的屋顶花园

也纳”“巴塞罗那”名称的饭店、书店、俱乐部、咖啡馆等。

犹太难民在上海的普通早餐是一杯咖啡，一个实心巧克力。午餐的时候，一般是一二块糕，一杯咖啡。他们坐在小饭馆里边吃边谈，下午五六点钟的一顿咖啡是无论如何不省的。临睡前，他们还要吃一个类似实心巧克力的甜品，一面可以充饥，一面可以解嘲。巧克力下肚后，他们说声“感谢上帝”，一天就过去了。

百老汇路（今大名路）是犹太人的咖啡街，抖颤而迷炫的霓虹灯，远远地映着“Cafe”的广告，叮咚叮咚的钢琴声，配着勾人心魂的梵亚林（小提琴），弹出“风流王孙”的调子，像是跟着缓缓而流的苏州河，低诉着无底的怨恨。1941 年，作家徐迟在《上海众生相》书中写道：“开设咖啡馆也是犹太人在上海的优良职业之一，从百老汇路直至杨树浦，犹太人开设的咖啡馆、酒吧不下一二百家，大大小小，红红绿绿，入夜灯光闪烁，别有天地。犹太人对于咖啡馆是必要的，他们现在过的生活是苦闷的。所以想在咖啡馆中的音乐消磨些苦闷的时间，同时，咖啡馆的设立也解决了一部分美貌年轻女子的职业问题。”

犹太人咖啡馆的饮食价格不便宜，虽比租界里头等娱乐场所廉价，但一杯咖啡卖七角五分，一瓶啤酒卖二元四角，也够使一般贫困犹太

百老汇路街景

BAR
VICTORY BAR
DOLLAR BANK
GOLD LIGHT CO
SHOES & CAP MAKER
Victory BAR

人负担的了。也有一些便宜的小咖啡馆，一杯咖啡二角至二角半，一块糕一角八分至二角五分。当时，犹太难民一天的平均生活费为四角，而我国难民生活费仅一角而已。因此有人说他们是高等难民。

犹太人的咖啡馆里奏出手风琴的音乐，他们高兴时，会高歌一曲，似乎特别陶醉在夜里，一直要到夜里十二点钟，咖啡馆的灯光才熄灭。流落在上海的犹太人对黄昏特别爱好，能在咖啡馆里对着一杯苦的咖啡，坐到深夜，正是流浪者对悲哀的发泄。

犹太人咖啡馆也接待外人，门口站着的引客者，用求乞的眼神请你进去，或是用一种妩媚的声调，告诉你有绝色的姑娘在里面。从窗外看不出里面的布置，但一踏进去，香粉和咖啡混合的气味扑面而来。在柔暗的灯光里，一双长睫毛的大眼睛就会凝视你，问你要咖啡还是酒，如果是酒的话，姑娘就摆酒侍坐了。有的咖啡馆玻璃窗上写着英文与日文，如果看到有点像日本人的行人，他便会迎上去恭敬地鞠躬，用生涩的日语说：“独坐，以拉希也买司（欢迎，请进）。”在里面唱歌的少女，有时也会袒胸露臂的站到门口，帮引客者吸引行人。

虹口是日侨的主要居住地。樋口弘在《日本对华投资》一书中指出：“日本的对华娱乐事业中，既没有像英国等那样以豪华的大饭店企业

这条街，曾有犹太难民的屋顶咖啡花园

形式为中心的享乐机构，又没有大众性的游乐组织，但只要有日本人居住的地方，就有妓馆的招牌、咖啡馆的爵士乐、跳舞场等，几乎到处都可以听到嘈杂的管弦声。这也许是日本人向海外发展的一种规律。”

据 1935 年 11 月的资料，上海日本饮食店有 43 家，咖啡馆 40 家，侍女（包括艺妓）共 318 人。最大年纪 42 岁，最小 16 岁，以 18 至 22 岁居多，其中受过高等教育的 24 人。她们大多来自长崎，说着纯粹的长崎话。其他地方来的日本女性，为了能进入上海侍女与艺妓圈，也不得不拼命地学习长崎话。

虹口一带，日侨所设的小咖啡店甚多，均仿东京银座办法，女招待可伴客跳舞、聊天，除饮食外，不取舞资。日式咖啡馆，几间整洁的房间，里面的布置比一般茶室要道地和整洁，可称是“窗明几净，一尘不染”，外面装着红灯，十分别致，神秘得有点像霞飞路上的俄罗斯咖啡馆和酒吧。侍女的态度很温柔，热情侍候客人，即便是十七八岁的小伙子进来，也会让他们“混混陶陶忘记爹娘”。日式咖啡馆价钱既巧，货色又道地，还可以听几句日本话。因此有人说，到里面去花上三四角洋钿，可以和日本女人说日本话，她们从一切琐碎说起，会面面俱到的讲给你听，这样便宜的日本语专门学校，何乐而不为呢？不过，那些客人所学的咖啡馆日语，可能带

咖啡酒吧的乐队

有浓厚的长崎腔呢。

1935年5月15日，《时代日报》刊登一篇名为《吴淞路上的名园》的文章，叙述了日式咖啡馆的一次见闻，颇有些细节可享：

在星期六的晚上，应一位懂日语的友人的邀请，我俩走进了吴淞路上的名园。

所谓名园，是日本式的咖啡馆。开设在吴淞路上的一条弄堂里，虽是门口挂一张玻璃做的方角灯，写着“名园”两个字，但是不曾去过的人，是决不会寻到这个地方的。

里面，一间两开间的中国式房子，摆了几张沙发和几只台子，墙上挂了些日本的风景画，如富士山、银座……充分体现了异国情调。瓶里插上樱花，门楣上装饰着纸灯笼，这又是岛国的风情。

我们选择好座位以后，几个粉脸的日本少女就扑到我们的怀里，含笑地问我们要喝什么。我的友人是能说日语的，就向她们要了两杯咖啡。

因了几次的共舞，我知道与我跳舞的是“梅子”，那个身材瘦长的姑娘，与我友人在一起的叫“春子”。于是我们一起喝咖啡，一起跳舞，坐了二个小时，花费了不到二元钱。

1945年日本战败后，根据国民政府的遣返

海宁路、乍浦路周边娱乐街

海宁路街景

政策，上海“10 万”日侨于 9 月 13 日迁入虹口集中区居住，12 月 4 日，首批日侨被遣送，至 1946 年 5 月，遣送工作基本结束。在集中区期间，部分日侨的咖啡生活并没有消失。1946 年 2 月，《民国日报》记者在名为《集中区游记》的报道中写道：一家名为丽都的咖啡店，“竟又是满座的日本男女。女招待是顶漂亮的，招待日本鬼非常的客气。无线电广播送着款款的日本腔歌曲。女日侨们嘻嘻哈哈一身快乐，还有一二个中国人，很和日本人讲得来，只听得日本人嘴里流出‘金様’‘張様’的声音，而那两个‘金様’‘張様’的人唯唯地惟命是从，一股和颜悦色，只想拍‘日侨’的马屁神气，叫人看了，着实难过”。此时离日本投降已有半年的时间了，但部分日侨依然在上海享乐，而且依然神气。因此，上海民众怀疑：他们真的是战败国的侨民吗？

在大部分日侨被遣送回国后，部分日本文化工作者和技术人员被国民政府“征用”而留沪，其中竟然也有以“下女”为名的日本女招待。1947 年 3 月 3 日，《新民晚报》一篇题为《日本式食堂　神秘之街风景线》的报道中，出现了日本“下女”的纪事。同年 12 月 21 日，该报又说：“上海还有八家日本馆子，馆子并不以酒菜著名，引人去光顾的，还是八个日本下女。大家都那么说：‘住西洋房子，娶日本女

吴淞路

二十世纪四十年代，吴淞路俯瞰

子，吃中国菜’，大概是被认为三绝的。房子与菜，姑且不谈，至于要日本女人，不过是为了她们的服从，吃亏耐劳，处处体贴丈夫而已。”

有“下女”服务的日式沙龙，位于吴淞路、塘沽路交界处。1948 年 3 月 31 日，《新民晚报》以《听歌跳舞沙龙燕集，东洋风味国粹犹存》为题，报道了日式沙龙的服务情景：

日本下女进来，向你下跪，你可千万不要吃惊，她要按照她的礼节来帮助你的牙齿和肠胃，这是她的工作而不是向你哀求什么，因此你也莫要误会。虽然她们说的是日本话，但是，她们也会一些普通的上海话，甚至一点英语，因此，这就不会妨碍你的“中日文化交流”。小泉八云说：“我没有看到过一个日本女孩子的愤怒”，在这里，你会相信这句话的，同时，她们也不会有难看的，下逐客令的脸色，因此，这一顿日本餐，是会有助于你的消化的。

还可以请日本下女，唱她们的情歌。

只要你愿意，把唱机开得响一些，那些日本下女也可以，用只穿袜子的脚来随你拖她们一个舞步，或者华尔兹，谁会在跳舞厅用赤脚作过“音乐的散步”咧？这种别有风味的日本式的西洋舞，可以使你更亲切地接触到音乐的跳舞。

日本下女是温顺的，她们似乎没有任何感情，她们所知道的全部似乎就是温顺，她们工

舞厅

作，她们歌唱，她们跳舞，她们服侍你，一切都是为了完成她们的温顺而已。

所谓日式沙龙，侍女的态度温柔，热情侍候客人，即雷同日式咖啡馆与酒吧。但是，在战后不久的虹口，竟还有如此奇观，不可思议。

咖啡一条街

上海咖啡 EXLIBRIS

二十世纪三十年代的西藏路

西藏中路，北起南苏州路，南到延安东路，旧称西藏路。在二十世纪四十年代，曾有“咖啡一条街”之称。

该路原为英租界所挖的泥城浜。1853 年 4 月，太平军攻克镇江，江南一带为之震动。为防备太平军东进，威胁租界安全，英、美驻沪领事分别召开侨民会议，议决组织“上海义勇队”、修筑防御工事。所谓防御工事，即在自苏州河至洋泾浜的两条水系间，挖一道深水壕，挖取的泥土被堆砌于水壕以东形成泥筑防线。因防线较高，类似城墙，故被称为泥城，深水壕也得名泥城浜。

同年 9 月 7 日，小刀会起事，攻入上海县城，同时捣毁江海北关。清政府随即令江苏按察使吉尔杭阿领兵剿灭小刀会，吉尔杭阿抵达泥城浜旁，欲借租界过境向小刀会发起进攻，未被允许，在浜西北处新闸地区驻扎。1854 年 4 月 3 日，英商祥泰银行职员乔利夫妇在泥城浜附近散步，与清军发生冲突，“上海义勇队”获悉后先遣数人出战。半小时后，大批英军和美军及“上海义勇队”士兵赶到现场，迫使清军撤退。次日，英国驻沪领事阿礼国照会吉尔杭阿，要求清军拆除军营，并后撤数里，遭到吉尔杭阿的拒绝。于是，英美军队穿过泥城浜进攻清军，经两小时战斗，清军战败，退至静安寺附近，此为“泥城之战”。

1863年，英美租界合并，习称公共租界。1864年，随着太平军威胁的消除、公共租界的扩张和第三代跑马场的兴建，工部局在泥城浜以东修筑小马路，命名为西藏路，因其位于当时租界最西段，亦称“西外滩”。

1899年，公共租界又一次扩展，划东、西、北、中四个区。东区是以提篮桥和杨树浦为主的原美租界，西区是扩张后所包括的沪西地区，北区是以北四川路为中心邻近北火车站的虹口地区，中区是以南京路为中心的原英租界，泥城浜则成为中区和西区的分界线。1912年，工部局扩建西藏路，通过填埋泥城浜扩展道路面积。由于泥城浜本为较宽的人工水壕，扩展后的西藏路成为宽阔的南北主干道。

1936年，为表彰工部局华董、上海总商会会长、宁波籍商人虞洽卿对上海经济的贡献，工部局以他的名字为西藏路冠名。这是公共租界内唯一以华人名字命名的马路。1943年，汪伪政权将虞洽卿路改回原来的西藏路。1945年，西藏路更名为西藏中路。

西藏路，毗邻南京路、福州路和跑马场等主要商业街区，自二十世纪二十年代起，聚集大批旅馆、饭店、舞厅等，但是咖啡馆在那一带的崛起，却是太平洋战争爆发后的事。

1937年11月，上海租界（苏州河以南地区）成为“孤岛”。1941年12月，太平洋战争爆发后，上海包括“孤岛”全部被日军占领。战时岁月是异常沉闷的，沦陷区的市民生活，尤其有令人窒息透不过气的苦闷。苦闷需要刺激，因而战时咖啡馆不独没有受限制，反而是不停地增长。西藏路咖啡一条街的形成，其实是一种畸形的现象。

西藏路一带，咖啡馆有萝蕾、大中华、皇后、爵士、时懋等，还有金谷、中央、大西洋饭店等都附设咖啡馆。那里咖啡馆林立，大有五步一间的样子，“每间自午后至子夜，正不知吞吐着多少人呢？”但是，时人评论，沪上咖啡，与霞飞路、静安寺路相比，西藏路“虽咖啡馆林立，惟以气派、食物与夫主顾而言，总是三四五六流焉”。“那时候的顾客，多的是做投机和一般恶势力下的三光码子，所以根本失去了咖啡馆的情调，像老虎灶似的，只听见谈生意、讲斤头这些哗啦哗啦的声音，这时候就是咖啡街的全盛时期。”

虞洽卿路、汕头路口，霓虹灯做成的“萝蕾咖啡馆”五个字高立在空中，把那一块暗蓝的天色染上了一圈紫红。萝蕾咖啡馆系建筑师陈志昌及陆炳元、陈菊生等合股开设，由陈志昌亲自打样，内部布置富丽，厨师均有相当经验。1942 年 6 月 10 日正式开幕，由工部局副总董闻兰亭揭幕，电影明星李丽华剪彩。萝蕾以饮品精美、装饰富丽著称，侍者服务周到，是沪上公

送舊迎新
莫忘今宵
(電話)
96290
蘿蕾咖啡館
咖啡★茶點★西菜
全部抑價供應
特備華貴之九道
除夕大宴
每客紙售：3200一
場面富麗·氣氛融和
全班菲島著名樂師
精彩舞蹈輪流表演
西藏路一大七號

萝蕾咖啡馆的广告

认的休闲胜地。咖啡馆侧有空地一方，遍植花草树木，另设座位。入夜，树木间灯光闪烁，凉风习习，相当舒服。该店置办纹银器皿，自备播音机，播唱最流行的中西名曲，客人可随唱、点唱。1943 年，为适应夏令时间，从 6 月 1 日起部分开放夜花园，营业时间亦相应延长。但是后来的萝蕾咖啡馆逐渐变味。音乐奏响以后，舞池里出现两个滑稽演员，一吹一唱，一搭一档，在客人的哈哈大笑中，咖啡馆成为滑稽大世界了。还有一个叫乐山居士的，坐在后面替人算命看相，外带测字。不论哪一个男人请教他，总爱说人家有桃花运。当然他的话也不是瞎说的。座上常有一两个妖艳的女人，面前放一杯清茶，眼风不时地向四周飞来飞去，男人与她的眼神一接触，说不定"桃花运"便来了。也有的女人在咖啡馆坐久了，打电话请人来付账，但电话好几通，却没有援兵来。有人给她算了一下，电话费比一杯咖啡还贵呢。

大中华咖啡馆，位于西藏路 200 号，福州路口，1943 年 6 月开幕。内部布置及外部装潢，均由海上名设计师李锦佩设计。开幕式，请袁履登揭幕，剪彩人则是电影《金丝雀》主演罗兰。该店下午二时开始营业，有著名咖啡、标准大菜、特色冷饮、精美西点。咖啡夜座，座位舒适，宜于促膝清谈，灯光柔和，富有子夜情调。大中华的发起人，多数是海上酒菜业的巨头，如

皇后咖啡馆遗址

杏花楼老板李满存，南华酒家经理王定源、副经理李伯伟，大三元老板卢梓庭，金门饭店经理高唐等。凭他们积累的经验，协力经营大中华咖啡馆，游刃有余。总经理王定源也曾是新亚酒店西菜部主持者，时年 29 岁，录取之男女侍应生，均经他一手训练。经理李满存，广东番禺人，曾任杏花楼经理，亦为上海特别市酒菜业同业公会常务理事。

大中华咖啡馆里，时有暴发户出现。有一男一女进店，声闻二三丈，气焰不可一世。男人呼侍者曰："咖啡要大杯，替我煮 WS 牌子！"继而又滔滔而谈："咖啡要吃外国货的，味道究竟是两样的，尤其是这个 WS 牌的更好，洋房牌的烧不浓，老爷牌的，香味稍为退板一眼。CPC 的咖啡，老实说，送给我吃还有一点茄门。"邻座有懂行者插言道："CPC 确不可谓上品，WS 也不是最佳者。但美国新发明的 WC 为咖啡极品，但价格殊昂。"此言一出，那位暴发户噤如寒蝉。事实上，西藏路一带的咖啡馆虽多，但所用的原料，至多是 CPC 牌，"像温吞水一般，呷上去没有劲道，价格倒比小咖啡馆的贵三分之一"。

皇后咖啡馆，位于西藏路汉口路转角。初由演员黄河设立，后由王长源任总经理，王是浙江上虞人，曾任鉴臣香料行香港分行主任、冠生园食品公司总干事。"咖啡西点，采取高贵；鸳

今日
上午十時揭幕
十二時開始營業
恭請
黃金榮 袁履敦 張淑嫻 先生 小姐 揭幕 剪綵
敬請光臨指教
全日供應
咖啡 美點 西菜
西藏路上 新興勁旅
爵士咖啡館
Jazz Cafe
館址
西藏路二四二號
電話九〇〇七〇
爵士咖啡館
夏日裝扮
夏日炎炎・何以自遣
爵士小坐
夏夜漫漫・何以消煩
爵士聽歌
西菜・咖啡 冷飲
備齊獻客
愛普盧大樂隊
盡情演奏
西藏路二四二・九〇〇七〇

爵士咖啡馆的广告

鸯夜座，环境幽静；女侍应生，招待和蔼。”设有罗马音乐厅，著名乐队轮流伴奏，冷气及时开放。皇后咖啡馆一度打出文艺咖啡的广告，“花一杯咖啡的代价，看所有书报杂志。”一些文人“目作洞天福地，高谈阔论，一坐数小时”。由于地当要冲，日过万辆车，右接电影院，皇后的生意很好。当时电影很热门，“痴男怨女相约看电影，大抵在此等人，或双携而至，开映有待，亦多借一杯咖啡，消磨时光，而电影散场以后，尚有一笔‘夜咖啡’生意可做”。

爵士咖啡馆，位于西藏路 242 号。1943 年 12 月开业，由锦德商业储蓄银行副理余立发起，集资数十万元，向爵乐饭店业主商借南部底层，辟设新型咖啡馆。但余立对于咖啡馆的开设，完全是外行，虽经两个月之筹备，仍无起色。后来，从新都饭店辞职的崔叔平与余立合作，共同创办，才有起色。爵士咖啡馆的外部装饰呈船艇状，内部布置则欧化，四周墙壁，特请喷画专家施九菱设计，布置成一个音乐空气极浓厚之画壁。开幕那天，请海上闻人黄金荣、袁履登揭幕，名伶曹慧麟、张淑娴剪彩。其广告的文字颇有海派味：“讲地点，这里最适中，论供应，这里最齐全，他如设备，可称后来居上，侍应更是细微周到……所以，不约朋友则已，否则非在爵士不够体面；不到咖啡馆则已，否则非到爵士不够过瘾。”

時懋飯店

音樂茶座
咖啡夜座

每日三時起
八時起

高級西餐中菜小吃

中午開始營業

主唱
黃薇音
紫影

客串
九齡童
沈小鶯

西藏路三七七

出租禮堂

时懋饭店的广告

爵士咖啡馆被夹在皇后、大中华咖啡馆中间，以地利言，虽逊于二馆甚远，但营业并不受影响。该馆专营咖啡、西点等，公司大菜，每客约 120 元，有乐队伴奏，所请乐队名“麦克斯”，颇受社会人士欢迎。因上海歌唱会流行，主持人也特请女歌手每日唱歌，以爵士音乐伴奏。此外，更有滑稽表演，滑稽演员朱陪基、笑嘻嘻曾在那里主演，滑稽双档姚慕双、周柏生也同时演出。1944 年 9 月，还举行音乐奖品歌唱比赛，凡年在 16 岁以上的音乐爱好者均可参加，比赛优胜者三名分别给予音专学费或名贵奖品，聘上海音乐专家到场评判，以示公开公正。1944 年 10 月，还添增晨粥，由于调制得法，完全广东口味，生意兴隆。

时懋咖啡馆位于西藏路、南京路口，原圣爱娜舞厅旧址，为时懋饭店附设咖啡馆，1944 年 6 月开业。中心人物是傅良骏（新光内衣厂董事长）、简镜泉（南华酒家合伙人）、区景彪（大新公司巨头）三人，一个是实业巨子，一个是饭店圣子，一个是百货公司的巨头，可见时懋的背景与实力。一般情侣进入咖啡馆，如没有乐队伴奏，似有寂寞之感，如有乐队伴奏，又有急管繁弦之嫌，但时懋的乐队，则是单纯的弦乐出演，轻音乐则有助夜咖啡情调之幽美。时懋的侍者，来自金门、南国等馆，服务熟练有素。馆内设有舞池，供人携情侣婆娑。但因其地段方

圣太乐咖啡馆的广告

露天咖啡馆里的女性

便，南北均有舞厅，舞场散后，常有舞女携姐妹同坐。

1945 年 1 月 28 日，时懋新辟早午茶，“薄利多销”“以广招徕”，这是咖啡馆老板计划在“茶室”部分争一日短长。既有清茶可饮，有点心可吃，有歌唱可听，有表演可看，而所花代价不多，经济实惠，这也是咖啡馆的新转变。为了增强号召力，他们又倾力于表演与歌唱部分，请舞蹈家王渊客串舞蹈，请大猩猩扮演者演出《泰山情侣》，请海上 20 位名歌手参加献唱名曲，相当于一个“女歌手唱歌比赛”。

圣太乐咖啡馆，西藏路 262 号，前身是爵乐舞场。所遗留下来的是舞场营业执照，当时咖啡馆执照征税二成，舞场则征税五成，这外加的三成税自然是客人负担。圣太乐并不涨价，但客人心理上，总有羊毛出在羊身上之感。刚开张时，是西藏路设备最好的咖啡馆，号称绝对第一，绝对豪华。克鲁米脚的单人皮沙发，坐起来很舒服，台面是玻璃板的。乐队也精彩，还备有舞女。虽然舞池很小，但有些贵族化，闹中取静，也有一些常客。有人从开门的第一天起，一直坐到咖啡馆的末日，有半年的时间是天天去的，后来改成舞厅就不去了。有一位外省客人曾与恋人在圣太乐喝咖啡，交换喝了“里姆沙打”，留下深刻的印象。此后，每次来沪必去那里喝咖啡，总拣靠左手一片火车座的末座独自坐

金谷饭店（GG咖啡馆）的广告

下，温一温海上旧梦。

金谷饭店位于虞洽卿路439号（南京路口），1941年5月22日开幕。其建筑华丽、设备新颖。最新奇的是，设有飞剪号甲板座一大间，根据泛美航空公司客机内饮食间之式样，娇小玲珑，台座及美型射灯尤为别致。附设GG咖啡馆，西点精美，咖啡尤为特选，亦为青年情侣伴谈之幽雅场所。下午三时至六时，设国际式名贵午茶，每客三元。1943年为附和当时风气，也有音乐伴奏，小舞池可供客跳舞，后来又有歌女参加歌唱和侍座，还曾发生歌女在咖啡馆互殴的事件。该店老板无奈地说："现在金谷变成四不像了，饭店不像饭店，咖啡馆不像咖啡馆，舞厅不像舞厅，歌场不像歌场！"这是当时畸形状态的写照。

1944年8月9日，美军飞机轰炸上海的日军军事设施和黄浦江上的日本军舰。次日，日伪当局发出防空警报，并规定每天晚上十二点至次日早晨五点，所有家庭禁止点灯，每天晚上十一点至次日早晨五点，禁止营业用灯。但是，西藏路咖啡馆的景象依然畸形繁荣："鞭丝帽彰，歌袖舞衫，极车水马龙之盛。"即使在防空之夜，虽在月暗星稀之下，"车马挤塞，行人如织，鼻闻咖啡香味，耳听爵士歌声，在黑暗中行走，只见人影幢幢，车灯明灭，诚一幅空防下之都市繁华夜景。故论今日海上菁华所在者，盖无不公认西藏路为中心矣"。

丽姝咖啡馆

1945年抗战胜利后，西藏路咖啡馆的生意一度也很兴盛。每当日落西山、华灯初上的黄昏，光耀夺目、五光十色的霓虹灯，照遍整个路面，又加上“美式配备”的摊贩上，装有新式的干电灯，点缀这条“不夜之路”，犹如白昼。“吉士”“骆驼”等美国香烟的烟蒂，插满在每一个咖啡馆的烟灰缸里，歌女、舞女，都在尽力献媚追求新的客人。等到熄灯打烊时，她们都紧挽着理想中的伴侣，醉态朦胧地踱步在咖啡街头，这可说是西藏路咖啡馆回光返照的景象。

但是，随着时局变化以及通货膨胀、物价飞涨等因素，西藏路咖啡馆也随着法币贬值而褪色。大中华、萝蕾等咖啡馆，在“物价逼人”的形势下，生意清淡，相继关闭。金谷也换成专业菜馆。仅存的爵士、皇后等生意均一落千丈。咖啡街的没落，“像六朝金粉的秦淮河，只剩下了粉红黛绿的陈迹”。

上海屋檐下的
咖啡摊

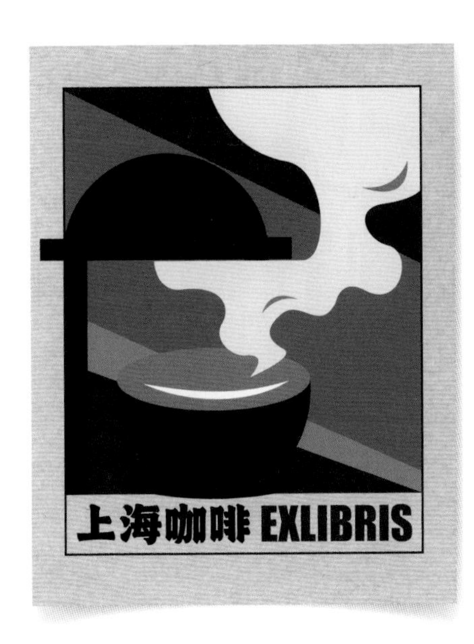
上海咖啡 EXLIBRIS

汕头路，曾是咖啡摊的聚集地

海派文化，就咖啡而言，既有欧风深染，亦有屋檐摩登。闻香忆昔，不能遗忘风光一时的咖啡摊。

关于咖啡的“洋盘”趣闻，沪上常有巷语笑谈。《申报》曾刊登芥辣当咖啡的轶事：

某乡小学一教员，一日自家里返校，持黄色粉末一瓶，谓其同事曰：请诸位品尝爱人送我的咖啡。既是爱人所赠，大家乐意品尝。于是该教员请校工取开水冲饮，他自己刚喝一口，大呼辣辣，同事见奇，乃看瓶中黄色粉末并非咖啡，而是佐餐之辛辣芥末，于是全校皆知，传为笑柄，该教员即日辞职，返家自修。

上海人也常常笑话外地人不会喝咖啡，比如发生在天津的一则轶事，也在上海的闲话里出现：“马崇仁喝咖啡，塞了牙啦。”马崇仁是著名的京剧演员，父亲是马连良。有一天他与友人去一家咖啡馆喝咖啡，马崇仁端起咖啡喝了一口，忽然向侍者说：“喂，你们有牙签没有？”大家一听，怎么喝咖啡还要牙签，难道咖啡还会塞牙？于是问他是怎么回事。经说明，才知马崇仁要牙签并不是咖啡塞牙，而是刚才吃完韭菜饺子，在饭馆忘了要牙签，到咖啡馆里才想起这码事来。

有一位湖南作家，据说 16 岁刚从家乡来上

咖啡摊

一品香西菜社

海时，被人邀请在一品香吃饭。当时一品香是上海最阔气的西餐厅，饭后一道饮品是咖啡。他见别人加方糖进去，便也学样，不料加进的却是方盐，一吃下去奇咸难忍，但满座之人众目灼灼，便不顾一切地一口喝干。饮后喉干如火，不得不匆匆离席而归，回去喝了十余斤冷水。

还有一则趣闻。静安寺路一带的西人食品店，将咖啡豆陈列于橱窗里，顾客登门时，可随时在电磨机里将咖啡豆磨成粉，以示无大麦、黄豆粉之掺假。咖啡豆分生、熟两种，生者作青黄色，有如小酒店出售之盐金豆，熟者呈褚黑色，有如食铺出售之笋豆。有一乡下人来上海，看见橱窗里的生熟咖啡豆，惊异失笑说："盐金豆与笋豆，乃贱物也，不值几何，外人竟居为齐货，盛以玻瓶，装入洋罐，善价而沽，岂不可笑？"又见店员取豆磨成细粉，以付主顾，不觉更讶异曰："外国人吃笋豆，竟磨成粉末，此真所谓外国吃品，笑煞中国人矣。"

当然，上海人喝咖啡的事情也不少，最初常有喝咖啡吃出"骨头"之谈。原来，咖啡苦涩，一般人喜欢掺方糖牛乳，但是当时的制糖工艺有限，无论方糖、车糖、砂糖，非一时能溶解，于是呷饮未畅，"骨头已来，满口糖屑，吐不胜吐"。因此，时人常有"咖啡虽好，骨头太多"之感叹。

后来，见识多了，咖啡工艺也逐渐精致，

法国的露天咖啡

「大饼油条老虎灶」，街头早点摊

咖啡成为都市生活的时髦饮品，造成一窝蜂而兴的咖啡馆“店多成市”。有人曾预测咖啡馆将代替烟纸店、老虎灶的地位，成为上海最普遍的店家。但是，到二十世纪四十年代中期，一些咖啡馆不伦不类，日益摊头化，除咖啡与西点外，既有扬州点心和华北酒菜出售，又有面筋、百叶、牛肉、粉丝、排骨年糕以及鱼生肉粥出现。这些都是小菜场摊头上可以吃到的东西，现在竟然打进咖啡馆。不过，咖啡馆的鱼生肉粥比不上正宗广东店，行情却胜过一碗鱼翅，拿粥卖鱼翅价钱，也是咖啡馆的一门生意。

其实，街头咖啡也是欧洲的时尚所在，比如在巴黎，街头咖啡很发达，宽阔的街道里，大的圆伞，摆上小台子和藤椅，喝咖啡、聊天或看书，消磨一个下午，潇洒，有诗意。一些诗人和艺术家常在那里完成他们的理论与杰作。

街头咖啡的确有其不平凡的情调与别具一格的风味，走在街上，可以看到喝咖啡的风景，咖啡香味亦随风飘来。当时在静安寺路（今南京西路）及霞飞路（今淮海中路）等地，也有类似巴黎的街头咖啡，但那些咖啡座不能称摊，它们不是独立的存在，而是咖啡馆的外廊。

上海的所谓街头咖啡摊，则类似于流动点心摊的模式。早在 1921 年 10 月，公共租界工部局就在南京路外滩及百老汇路（今大名路）、西华德路（今长治路）转角，以及其他居民往

1947年，联合国救济总署援华物资抵达上海

来的繁盛之地，设立作为流动夜餐馆的“咖啡车”，售卖点心，如咖啡、茶、夹肉热面包、热汤等，所备花色不多，以利卫生与烧煮。车身结实且干净，用福特式汽车或四轮马车。车内置一狭柜台，旁设客座。停车营业地点，由巡捕房指定。1945 年抗战胜利后，外滩的九江路、汉口路之间，晚上也有八九处点心摊，设备很简陋，白瓷盆、瓷杯、褪了银色外衣的刀叉匙，一盏煤气灯或洋烛，供应咖啡、牛奶、吐司等，价格很便宜，主要面向外国水手。

至 1946 年夏季，随着美国货充斥市场，咖啡、可可、牛奶，成为价廉物美的食品，于是伺机而动的点心摊以咖啡名目如雨后春笋般涌现，差不多每条马路街头、每隔数步便有一摊。上海的咖啡摊虽然号称是大众化的产物，却是畸形的新事业，具有地域特色。那里没有诗意，没有罗曼蒂克，但给大众一种安慰，是中下层人士的宠儿。这些摊子的正式名称是咖啡牛奶摊，食品美式化，布置整洁，纡尊降贵而临者甚多。

咖啡摊头发达的原因，一是抗战胜利后，美国货的大量来华。战后的中国，需要国际社会的支持，美国看到了这一巨大的市场，也是战时生产的大批工业制品、食品等产品的极好销路，于是这些产品以“援助”等各种名义进入中国，既满足了战后复兴的需要，也在客观上挤压了中国的民族经济。上海作为美货的集散地，可

「新货」

「從飛機運來的吧！」「是最近才、被『解放』的」。

以说是“无货不美”“有美皆备”，感谢声、抵制声，各有表述。就咖啡行业而言，来自美国的咖啡牛奶等货太多了，还有美国的白脱、花旗的面包等。“试看克宁奶粉，来得多旺，可是无街不有，有店皆售，货真价廉，比吃鲜奶合算百倍，故销路通畅，使牛奶棚老板视之，只有双腿发抖。”上海有专卖美国货的商店，在虹口小菜场和大世界等处，其中还有一些是走私货。所谓“物稀贵，物廉贱”。当时的美国货，一听咖啡（一磅装）一千五百元，一听可可一千六百元，金山牌奶粉每磅三千五百元。照摊主估计，一听咖啡可冲六十杯，每杯成本二十五元。一斤糖可冲十五杯，每杯成本八十元，加水和煤炭，一杯咖啡成本一百三十多元，现售每杯三百元，不加人工可赚对本。价廉物美，花一些小钱，便可享受地道美货，中国配制的味道，所以摊位上常常客满。除了饮品外，摊位上供应洋式点心，最普遍的是吐司，所谓吐司就是西式面包的一种，将方面包切成片，烤至香口，在上面涂上奶油、牛油、果酱等配料，用两块方包夹起来便成。一只大面包可以切成十片，在炉子上一烘，两片面包成一客，卖二百元。一只大面包成本是五百五十元，每个吐司成本仅一百十元，加白脱果子酱，赚头依然可有三分。“盖受美货咖啡、炼乳以及牛油、果酱大量输入所赐。从此大饼与豆浆没落，上海之‘美’化又进了一步。萝蕾等处的西

电力公司的广告：「请用咖啡壶」

披西售三千金，街头咖啡摊的洋房牌仅售三百金，吸引客人。”

此外，当时上海的单帮大多在贩售洋货，百货业受损，有一种贩卖美式“吊裤带”的生意十分红火，政府因其逃避税收也有损失。因此，有关当局下令除吃食小摊贩外，其他贩售五洋杂货的单帮生意，一律取缔。于是，单帮从业者纷纷改做咖啡摊生意，而且有人做几个摊位，收入可观。这是咖啡摊发达的另一原因。摊主说，一个摊位的装备三十万法币，加上牛奶咖啡等货费、烧咖啡的炉子及热闹区域设摊的费用，将近百万元。但每天有五六万生意可做，合到四分利，一天生意可赚到二三万元。

夏夜，熏风微微地飘拂着，咖啡摊上坐满了人，白色布篷搭起，小小的木架上披着一块白台布，或是蓝格子的布，上面点缀着很多罐头牛奶、咖啡、可可、果子酱，五彩缤纷，整理得很干净，上面还安放着一排玻璃杯。摊旁有一个煮咖啡和烘吐司的炉子，燃着熊熊的火，摊主和伙计穿着短衫，热得大汗滴滴的忙碌着。夜市的生意很热闹，花最低的价格可享受这美式配备的饮料。普通咖啡，每杯均三百元，加牛奶四百元，白脱或果酱吐司每客三百元（两片）。顾客以小职员、公务员以至贩夫走卒为主，咖啡成为一种普及的饮料。特别是对于人力车夫来说，以前是奢侈品的牛奶、可可、咖啡，现在的价格比豆腐

露天咖啡摊

还便宜，而且有铺台布的台子，精美的玻璃杯，从未上口过的糖浆面包，又香又甜。比如可可，摊头上的价格是咖啡馆的四分之一，是夜总会的十分之一，因而有人说“摊头上的叫可口可乐，咖啡馆叫可坐可乐，夜总会叫可跳可乐”。“小三子之流无不乐于一饱口福。”

上海咖啡摊超过了一切，当你走过每一条街道的时候，会阵阵听到“面包要吃哦!”完全同“皮鞋要擦啊?”的叫喊声一样。有人戏说，下层人士也需要咖啡的享受，黄包车夫能天天享受路边咖啡，“那岂非是劳工神圣”。

从前咖啡是关在沙龙里的，它们和沙发、玻璃台、爵士音乐、黑领带、朱唇为伴，它们被盛在细磁的圆杯里，融化了一块块亮晶晶的洁糖，银色的小匙在杯里摇动着，如此典雅，如此细腻。如今被美国货从沙龙里拉出来，站到马路上来，它们和豆浆同列，接受了“贩夫走卒”的狂欢。这种咖啡牛奶摊，不仅在原英租界区域盛行，法租界那边也很多。夏季的夜晚，树荫蔽日，凉风四袭，偶尔小坐，颇有佳趣。

长期从事上海历史研究并参与上海历史博物馆建馆规划工作的学者吴贵芳先生，1946 年任《益世报》记者时，在上海光顾过街头咖啡摊，曾有一篇题为《充满着异国情调的咖啡摊素描》的纪事，生动有趣：

朱葆三路，咖啡摊聚集之地

“先生，要啥个茶？”

我心里一转念，咖啡和可可一个味儿，没有什么吃头儿，清牛奶吧。又得多花一百元，“就给我来杯牛奶咖啡。”

“牛奶咖啡杯！”掌柜的喊下去。“先生，吐司要甜格还是卤格？”

哈哈，这小子真损。连销售货物的方法，都是整套向美国人学来的。我根本就没有说要吃吐司哇。左右不过两百来块钱，得，“就给我来客甜的吧。”

两块面包夹在铁丝网里裹在小煤炉上烘，牛奶从罐里倒出来，和着两匙子糖，提起精光溜亮的咖啡壶上一冲，就得，再托上一个挺干净的小磁碟，送到面前。待一会儿，吐司也照式照样地送来了，还递过一根叉，显得很气派的。

面包又香又脆，咖啡牛奶又甜又浓，光滑滑的冰铁做柜面，玻璃格子里盛的全是SW、马克丝威尔、裴客而斯、鹿头、金山等，装潢得五颜十色的各种美国上等罐头。别看是路边摆的摊座儿，从那近处人家接过来的电灯，足足有七十五支光。夜静如水，一边吃一边望望街头风景，比起那些什么华懋、国际，实在差不到哪儿去。

但是，记者付费的时候，发现掌柜将钱放进“SW”的罐头里。原来那些美国上等罐头都是空的，后面堆着的才是作为救济品的美国便

街头食店（天明绘）

宜货。

摊主的招徕术确实很高明，如有人来喝咖啡，就会再问一句："面包阿要买一客。"客人听到面包两个字，肚子好像是有点饿了，于是就顺便要了一客。当时通货膨胀，外汇紧缩，物价比十年前涨了五千倍，4月份一斤食油达到法币七百元。据10月统计，法币一元仅值十年前的二厘（十厘折银一分，十分折银一钱，十钱折银一两）弱。对他们来说，当时六百元吃一顿洋点心，也是非常便宜的。

但是，吃马路饭没有一行是不辛苦的。他们每天早晨四点钟起床，动员老老小小，把摊子移到公园、学校门口赶早市，下午又把摊子移到戏院附近，一直工作到深夜一两点钟。有的家里夫妻全出动，家主婆兼任招待，儿子扇扇风炉。马路摊位，规定在人行道上经营，不能在马路上妨碍交通，警察进行市容管理时，摊位是最不易躲避的。有的摊主还专门准备一个人对付警察局，因为根据当时警察局处罚条例，第一次违章是劝告，第二次违章则要带一个人进警察局禁闭三小时，罚款一千元，并支付警察和本人的黄包车钱。第三次违章，则又循环到"劝告"一条上去了。

立秋过后，夜凉如水。一位署名"四马吁"的作者在《世界晨报》撰文，描写上海屋檐下咖啡摊的另一种情调：

老板面带和气的笑容，从红铜茶炊中倾出深褐色的咖啡，再兑上世界上最好的“金牛牌牛奶”，不待顾主叮咛，即重重地下了白糖，凡事“将心比己”，这东西愈甜愈可口，然后用烹调圣手的神气，把白脱油涂至面包上，涂得太慷慨，使旁边张口观望的食客，发出感叹的微笑，觉得人间无处不温暖，甚至想到仁慈的联合国救济官员，所行所为亦不过如此。

坐侧旁的是一位小公务员，听他的口音，是重庆来客。他也许来迟了一步，至今还没有坐过百老汇的电梯，幸而他是一个乐观而且安分的人，现在吃着这种微苦的茶，便已经感到极大的满足。

一个三轮车夫，急如旋风，跳下车来，一口气下两杯清咖啡，太苦了，便手指头挑起一点果酱，塞进大嘴中，赞美一声：“美国货，邪气好！”然后随风而去——他从来不知道什么叫失眠。

两个晚归的洋人，挟着他们心目中的东方美人，从摊前过身，像家长看小孩子办的“姑姑宴”一样，发出格格的笑声。

从重庆来沪的小公务员在上海喝到咖啡，一定会回想战时重庆的情形。咖啡在战时被列为奢侈品，总务科长宴客，只能采用“巴利茶”，这种茶用大麦焙成。餐后的饮料写的是咖啡，而端出来的却是一碗布丁。在那些有名的咖啡馆里，绅士与闺秀改用枣子茶，欲呷时眉头微皱，因为那里放有“节约”的薄荷。因此，那位重庆客在街头摊上喝到咖啡，对上海表示了无上的钦崇。

摆咖啡摊的并非全是单帮，各式人等都有，也是当时社会生活的形态。大块头电影明星关宏达，一度为远东运动会铁球选手。他的摊位在泥城桥一家玻璃店前，招牌用红纸书写，名曰“吉普”。关宏达主持摊政，有人写道：“他正拿着一块吐司，在搭白脱，边说，香来，咱们的吐司交关香，旁边有一位影迷，一边呷咖啡一边与他谈电影。关宏达有些不胜沧桑地说，电影饭啥吃头？不如在这里摆摆摊头‘落胃’。有人问他一天可赚多少？他说也许是我老关的一块招牌，这里的生意还好，一天可做毛五万，其他的摊位可惨了。他还说：文人没路摆摊头，想当年活跃在银幕诚不堪回首也。”

戈登路（今江宁路）美琪大戏院附近，有一个姐妹摊，引人注目，记者以“秀色任君餐，薄利广招徕，姐妹花咖啡摊”的标题吸引读者的眼球：“继烟摊舶来品之后，最近咖啡面包摊又代之而起了，如果在热闹的市街上跑一趟，十步一摊百步一铺，便会使你有懿欤盛哉之慨。据马路巡阅使语人，目前仅有八只座位的咖啡摊，每日有三四万之进益。在戈登路美琪大戏院附近，每逢黄昏时间，有令人注目的咖啡摊出现，名‘姐妹花’。三个崇明姑娘主持，据说都是大

關宏達擺吉普咖啡攤

·大禹烈士·

影壇「五百斤油」關宏達，一度爲遠東運動會鐵球選手，自入電影界拍片後其名益彰矣。關在僞華影時代亦一度爲張善琨效犬馬之勞，故著番檢舉僞影人後亦挨着一脚矣。勝利後一度有出礪頭滿金說，近因生活所逼竟在幹下當生寬了，昨日路過泥城橋，見一錢瑞店前，有咖啡攤一，招牌用紅紙書寫，名曰「吉普」，一男一女正在主持攤政，男的非他，仔細一看原來便是關宏達，他正拿着一塊士司在搽「全姬」，自已在說：「香來咱們的士司交關香」旁過有一位吃客，也許是昔日他的影迷，一面和他在大談電影經，關宏達有些不勝滄桑感地說：「電影飯啥吃頭，不如在此擺擺攤頭「落胃」。我問他一日可做多少，他搖搖頭說：「也許是由於我老關的一塊招牌，這兒生意還好，一天可做毛五萬，其他的攤子可慘啦」

」我問他：「可以開銷了嗎？」他點點頭說：「苦賺苦用，勉強能開銷得過去。」接着是一聲長嘆，他又搖搖頭說：「文人沒路擺攤頭，想當年活躍銀幕，誠不堪回首也。我攢下四百隻洋就走了，他非常客氣的擦擦手說朋友幫幫忙的介紹介紹。

关宏达摆咖啡摊

公司的职员，夜间摆摊是拆拆外快的。最大的芳龄 24 岁，被称为大阿姐，掌理财政，餐具工作的是二姑娘，掌理烤面包、塌吐司、煮咖啡等，有人称其‘吐司西施’。老三叫三小姐，头上一朵玻璃花，苹果般的脸儿，柳条般的腰身，周旋在顾客当中，担任招待工作，那摊子的营业时间是晚上九点至十二点，座无虚席，饿汉不在吐司咖啡，而在乎饱餐秀色。她们出售的物品，价格不比其他摊位的贵，而货色要更道地。她们三朵花，有一个规矩，那就是决不取客人的额外赏赐，盖防人家动她们的脑筋。有人曾在餐后在杯底留下一封香艳的情书和数十美金，她们将美金全部捐助难民。”

一日之晨，一位上海人在泥城桥附近擦皮鞋，与一咖啡摊比邻，腹饥，向摊主叫可可与吐司各一客，但是可可未调和，犹作块状，吐司是两块并不切开，客乃说摊主是饭桶，摊主即操纯粹的“拉块”土白郑重道歉。问其是否从苏北逃来，摊主曰然，客怜其乞食状，又付小费四百金。

自从咖啡摊兴起之后，马路上其他像卖豆浆粢饭、煎饼锅贴、油豆腐细粉等的摊头都叫苦不迭，怨声载道，因为生意一落千丈。但是，好景不长，咖啡摊之盛仅一个夏天的季节，秋风萧杀，冷流袭来，取而代之的又是摊头上的牛肉粉丝与排骨年糕之类。

明星孵咖啡馆

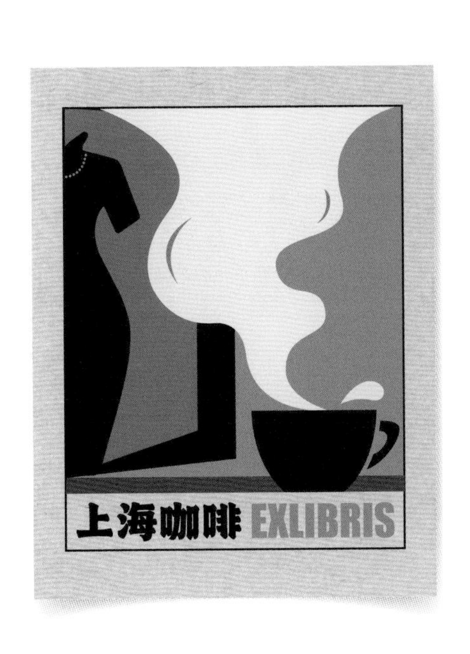
上海咖啡 EXLIBRIS

西区的风情，明星喜欢在西区孵咖啡

二十世纪三十年代，电影与传统的旧剧对抗，“孵电影院”成为市民娱乐生活的重要内容。后来，咖啡馆蓬勃兴起，“孵咖啡馆”又成为新的都市时尚。

上海的都市生活时尚来源于西风东渐，沪上影剧明星自然会惦记着好莱坞明星在咖啡馆里消磨黄昏的生活情景。好莱坞是一个纸醉金迷的场所，但是一到黄昏，明星们工作完毕之后，如果没有什么盛大的宴会，会感觉乏味和沉寂，他们自己是演戏给人家看的，不愿意再去戏院。为了找一个刺激的快感，当然只有咖啡馆了。咖啡馆在好莱坞不止一家，其中出名的是“托克”。“上托克去”，几乎成为明星们黄昏时刻的口头禅。每天晚上咖啡馆里至少有五十位客人喝咖啡聊天，大部分是著名明星，如克拉克·盖博、葛丽泰·嘉宝等。最初的咖啡价格并不贵，但是，有些新闻记者经常在那里出没，明星视为畏途。老板一看苗头不对，于是加价以作限制。人数受限制后，“托克”就成为明星们专门的谈话集中点了。

上海是中国电影的发祥地，也是中国电影的摇篮，聚集了数以百计的电影艺术家，有中国好莱坞之称。影星平时工作很忙，很少有机会与影迷会面。但是他们在拍片的空暇，也需要静静的休闲，一弛紧张的神经，他们见面的时候，总会不期而遇的提议：“喂，上那儿去泡泡吧。”

张爱玲居住过的常德公寓，楼下有一家咖啡馆

“泡泡”这个消闲名词，在影剧界人士嘴里，已具有填满休闲空间的意味了。有人说，演员像沙漠上的牧羊人，喜欢逐水草而群居，于是应运而生的“草原”被发现了。他们常去的那些咖啡馆，占地利人和的机缘，成为上海影剧人的“青草水源”。日久以后，那几个地方被称为影星们的客厅，也被称为明星俱乐部。

霞飞路巴黎大戏院近邻的 CPC（西披西）咖啡馆是电影明星们聚集的地方。咖啡馆的楼下，没有优美的灯光，也没有舒适的火车座，可是每天下午一定可以看到不少电影界的名人。有一些人是每天必到的，如徐欣夫、李萍倩、王引、严俊、屠光启、顾也鲁等，因为这些明星每天必到，所以要找他们也非到那里不可。还有一些演员，如欧阳沙菲、杨柳、苍隐秋、王丹凤等，也常在那里出现。

CPC 的老板是张保存，浙江定海人，14 岁来沪入圣方济英文学校学习，两年后进鲍尔斯洋行实习，该行以经营咖啡、水果为主要业务。实习期满后到香港的史派克洋行经营百货。两年后回上海创设檀香山伙食公司，1932 年因“一・二八”事变停业。22 岁时，创办德胜咖啡进口洋行，经营咖啡及食品等业务，初在虹口百老汇路，1937 年移入静安寺路 1472 号（铜仁路口），附设 CPC 咖啡馆，总店即在此。1944 年在霞飞路、泰山路（今嵩山路）口设分店。曾

电影《夜深沉》里的韩非与周璇

任上海咖啡同业公会理事长。霞飞路的分店是广州饭店旧址。总店与分店的营业方针略有不同，总店只有咖啡、吐司、小蛋糕和汽水，分店除上述种种外，还有冰激凌、三明治、热饼及中式点心等。总店只做白天生意，分店则在夜间霓虹灯的照耀下，半夜才打烊。定价上，分店比总店高两成。上海的电影明星选择 CPC 分店作为聚集的地方，也是有一定理由的。

位于霞飞路、亚尔培路（今陕西南路）口的伟多利咖啡馆则是上海话剧明星聚会点。伟多利在外观上比 CPC 舒适得多。话剧演员韩非、白穆、穆宏、石挥、张伐、冯喆、沈敏、史原，导演陈鲤庭，化妆师辛汉文等都是常客，他们几乎每天孵在伟多利咖啡馆闲谈，有时候从早晨孵到夜里不走，有人要找他们，只要到那里去，十拿九稳是可以寻到的。

石挥是上海话剧界的一个红人，因《秋海棠》一剧成名，演技纯熟，表演细腻，以能抓住剧中人的身份性情，尽量发挥，予观众深刻印象而称誉，有“话剧皇帝”之称。抗战胜利后，他与演员张伐等组织中国演剧社，并请孙景璐当女台柱，以《文天祥》作为中国演剧社成立的第一炮，编剧吴祖光，导演洪谟，韩非、张伐、史原、孙景璐、石挥、沈敏、沈浩等主演。此项计划是在伟多利咖啡馆数度讨论后决计实现的，因此，有人认为伟多利是石挥等人自己做演戏老板

偉多利
咖啡宮
日夜花園
大 大
涼亭 洋傘
驕陽不歡非常風涼
限價啤酒大量供飲
泰山路（霞飛路）一〇〇二號
偉達飯店對面
電話七三〇四一 七七九九八

偉多利
咖啡宮・夜花園
慶祝
勝利
特備
・泰山路一零零二號・
電話：七三零四一號
海上夜花園中設備與招待最優美的地方：
松風竹影
蟬鳴蛙唱
情侶談心
唯一聖地
勝利聖代・和平晚餐

伟多利咖啡馆的广告

的发祥地。为纪念这个地方，他们曾组织一个小型茶会，凡圈内人均可参加，每月收会费若干，每天可以到那里闲谈，供给咖啡一杯。

抗战胜利后，上海话剧的演出处于低潮期。由于每次演出都亏本，演员也打不起精神。1946 年 4 月，有一个堂堂阵容的演员队伍，假座兰心大戏院演出话剧《雷雨》，乔奇演周朴园，碧云演蘩漪，张伐演周萍，韩非演周冲，莎莉演四凤，白穆演鲁大海。这是抗战胜利后，上海话剧界的一次盛大演出。这项演出，是在伟多利咖啡馆里策划出来的。

华声剧社，属于华声股份公司的话剧部，人员大多为电影明星。1948 年 3 月在兰心大戏院公演三幕五场喜剧《金粉婚姻》(初名《儿戏婚姻》，曾在《时事新报》副刊《六艺》连载)。该戏由叶联薰编剧，袁遐英、商周联合导演，演员阵容强大，剧作家洪深先生认为该剧内容切合社会现实，可称是佼佼佳作，这项演出也是在伟多利咖啡馆策划的。

伟多利咖啡馆的气氛不同于其他咖啡馆，既不清静，又不雅致，统共不过两方丈地方，稍微顾客多一点就显得满坑满谷了。客人一般在咖啡馆里闲谈，但也常有人说去那里开会。其实，开会的地方不是在馆内，而是在厨房间后面的经理室和宿舍的两间房。开会讨论的题目很多，但无非是演员、片子、票子。有时一个即将开拍的

电影《艳阳天》里的石挥和李丽华

导演出现在咖啡馆，他的桌子就被一些谋事的人挤满了，他们希望与导演联络感情，也有人就演出预算、抄写剧本等事与导演进行商谈。

1947年11月8日，导演金风结婚，亦假伟多利咖啡馆举行典礼。金风肄业于上海励志英专，自幼酷爱文艺，1946年开始担任越剧导演，导演《秋海棠》(主演尹桂芳、竺水招、戚雅仙)、《香笺泪》(主演徐玉兰、戚雅仙)、《西厢记》(主演徐玉兰、王文娟）等。《秋海棠》原作者是秦瘦鹤先生，话剧演了三个月，搬上银幕后，卖座非常鼎盛，放映期长达一个月。婚礼那天，尹桂芳等著名越剧演员参加，徐玉兰则派人送了五码丝绒，也算是一份厚礼。

上海影星们的客厅，还有亚尔培路（今陕西南路）的赛维纳咖啡厅和静安寺路（今南京西路）的"凯司令"。赛维纳原是意大利人独资经营的西餐社，历史悠久。1943年4月转让给宁波商人史美卿后，主要经营西餐、咖啡、酒。1948年秋，老牌影星王引导演电影《子孙万代》时，与该片演员汪漪、白穆在赛维纳聊天，《和平日报》记者在那里找到王引，通过侍者递上名片，有意采访，王引接过名片，便客气地走过来接受采访。因王引曾从上海到香港工作过，谈及香港与上海时，王引说："香港不是一个制片子的好地方，我想在上海拍几部比较有新的内容的片子，《子孙万代》都是一群话剧演员来担任

亞爾培路回力球場對面

西區唯一飲食寶庫

高尚西菜

賽維納

咖啡雅座

風味別具交際勝地

生啤酒各種冷飲

每位贈送佐酒菜

電話七三一〇五

赛维纳咖啡厅的广告

黄河

角色，大约两个月后可以与观众见面。”采访约二十五分钟，王引因有事而告辞。《子孙万代》是王引加入中国电影制片公司的第一部电影，汪漪、白穆均为影片主角，由此可猜测，他在赛维纳咖啡馆与影片主要演员聊天，应是有关电影拍摄工作的商谈。

影剧明星孵咖啡馆，即他们“泡”咖啡馆；如果按照“孵”的汉语基本释义，影剧明星又像老母鸡一般，在上海孵出不少咖啡馆。

黄河是银幕上的小生，当时已有不少的影迷。看名字像北方人，其实是广东人，但生长在天津，也算是有些北方情结。他曾是中旅（全称中国旅行剧团，我国最早的职业剧团之一）的台柱子，曾在唐槐秋导演的古装戏《牛郎织女》里演牛郎，也和英茵合演电影《赛金花》。他喜欢泡咖啡馆，有一次招待上海剧艺社的夏霞以及屠光启、丁芝、顾也鲁、贺宾、沈琪等艺人，因为吃的是午餐，下午上南京咖啡馆喝咖啡，谈到三点钟，又到仙乐咖啡馆，不知不觉到了晚上。在雅利饭店吃好晚饭后，又到“弟弟斯”喝咖啡，一天连跑三家咖啡馆，也算是一个奇迹。因此，当明星开咖啡馆之风兴起，黄河开设的皇后咖啡馆应为风气之先。他影商双栖，自然比一般电影演员要潇洒。皇后咖啡馆设在靠汉口路方向，1942 年 7 月 1 日开幕，咖啡馆名“皇后”是因其在皇后大戏院之下。1943 年 1 月，《社会日

「咖啡明星」

西区的一家咖啡馆

报》刊文，对那家明星创办的咖啡馆有如下的描述："皇后咖啡馆，屋小如舟，而生涯甚盛。值此隆冬，犹无暖气设备，且未置一火炉，于是在座客云集之时，乃呵气成云，仿佛如乘飞机，云雾透窗而入。客有坐于门户处者，每觉冷风阵阵，袭人肌肤，又如坐风波亭中矣。"

1943 年 8 月的一个子夜，将近两点钟的时候，在皇后咖啡馆麦克风里，传出《买糖歌》《蔷薇处处开》《纺棉花》等歌曲，演唱者是京剧女演员童芷苓。皇后咖啡馆为此做了广告，而现场的座上客"真是塌足便宜货"。皇后的广告上了专刊《童芷苓现唱记》："我们的子夜咖啡真够热闹，每晚都有影星、歌星前来献唱，周三之夜，我们的芳邻童芷苓小姐跑来呷咖啡，经不起大家热烈要求，她在麦克风前，接连唱了五支歌曲，一时风靡了在座顾客，跳呀唱呀，虽是深夜时分，都舍不得回去。"

夜巴黎咖啡馆，位于愚园路底，兆丰花园东面，为沪西地区少有的咖啡馆之一。由电影演员孙景璐、陈娟娟共同开设，1943 年 4 月 16 日开幕。该处原为西洋酒吧间，门面特请电影界美术家万籁鸣、陈明勋、孙樟、穆一龙等联合设计。开幕之日，由当地权势者的夫人揭幕，孙景璐亲自剪彩，轰动沪西一角。夜巴黎以"地点幽雅、装饰摩登，冷食品价格低廉"为广告，吸引沪西住宅区居民及公务员、学界人士前往休闲，

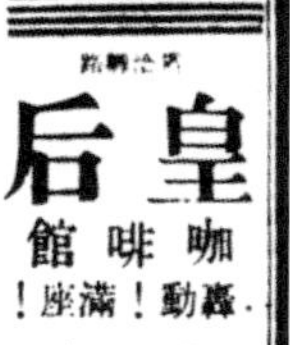

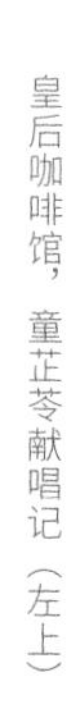

皇后咖啡馆，童芷苓献唱记（左上）

夜巴黎咖啡馆的广告（右上）

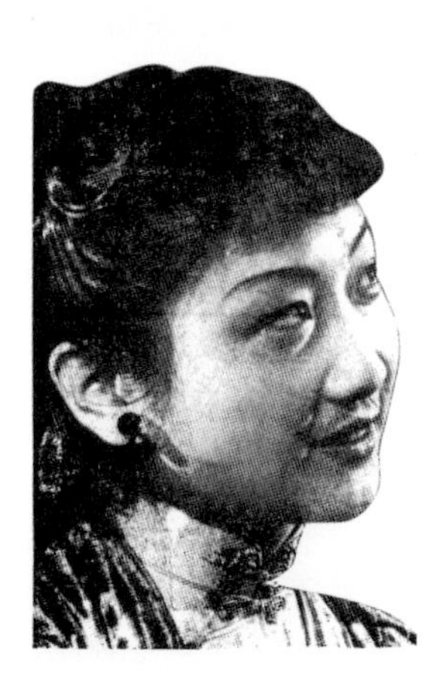

周曼华

也成为影剧人的聚集地。同年夏季，上海演艺剧团在停演时，演员常常到兆丰公园夜宴，而夜宴以后的欢聚场所，则是影剧人开办的夜巴黎咖啡馆。

半年以后，夜巴黎咖啡馆由电影演员李丽华接盘，特聘华影（中华电影联合公司）二厂剧务高茫生担任经理。开幕那天，华影诸女星都去捧场。李丽华接盘的原因，是希望将其变成电影界的俱乐部。李丽华生于梨园世家，父为京剧名伶李桂芳，母亲为老旦张少泉，自幼拜在京剧名宿穆铁芬和章遏云的门下学戏。1940 年因主演电影《三笑》而一举成名。很多人说，“李丽华的噱头不是一眼眼，凭她的地位与交际能力，一定可以做出牌子来”。

因黄河的“皇后”，孙景璐的“夜巴黎”，生意都非常好，电影演员周曼华也开了一家，地址在愚园路大沪大戏院隔壁，这个地方原来是却尔斯弹子房。周曼华开咖啡馆与“别人不同，主要是她自己嗜好咖啡，自己开店自己喝，当然便利”。她要求的咖啡馆规模较一般可略小，但气派与设备则极力求美观艺术化。艺人可在公事之余，有一个谈心说美的地方。周曼华原籍浦东，少女时代在浦东乡下度过，从小喜欢看电影，13 岁就在《热血忠魂》中饰演儿童角色，后主演《红杏出墙记》等，有“冬瓜美人”之称，在圈内很有人缘。

瘦西湖

蘇錫名厨
維揚細點

咖啡茶座

白爾部路霞飛路口
電話八三七八四號

標準沙鍋
維揚細點
蘇錫名厨
咖啡茶座

新增
蟹粉小籠湯包
小吃經濟飯菜
特式標準沙鍋
棗泥豆沙鍋餅

韓蘭根主持

瘦西湖咖啡馆广告

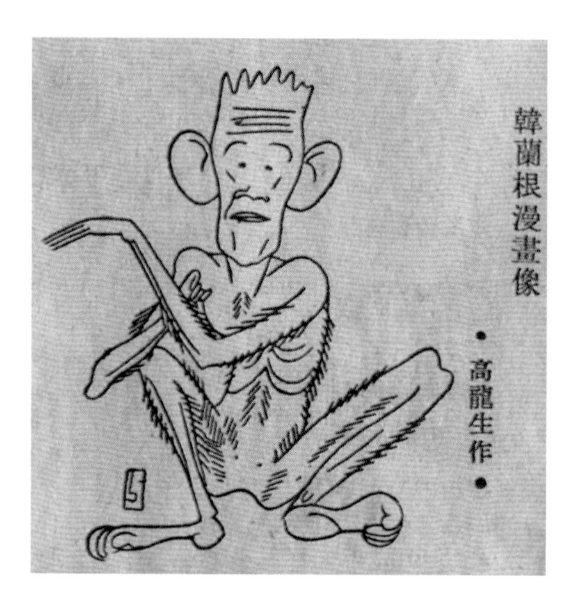

韩兰根漫画像

“瘦西湖”，原是一家苏锡菜馆，位于老重庆南路，在上海富有盛名，也是影剧人喜欢聚餐的地方。1940 年 9 月 8 日，殷秀岑、梅熹等组织华北旅沪影人互助会的发起人会议就假座“瘦西湖”举行。1941 年 4 月，一些影人在“瘦西湖”会餐，不料被一群影迷包围，演员英茵不得不一一签名解围。

韩兰根，曾在影片《渔光曲》中扮演“小猴”，由于他真实自然的表演，得到“瘦皮猴”之称。1943 年 4 月，韩兰根发动改组“瘦西湖”，以三年为期，租用原来的房屋，将其办成咖啡馆，公司的名称则是食品公司。除邀请乐队外，还请艺术家万籁鸣、万古蟾、陈明勋等联合设计，全部刷新建筑，使其成为影星休闲的聚集场所。以“瘦西湖”的霞飞路地段，以韩兰根的明星名声，为人所看好。开张以来，生意大旺，每日影剧圈内人前往冷饮者、小吃者、川流不息，韩兰根亲自招待，一副顽固的面孔，带着殷勤的微笑。

1945 年 4 月 2 日，韩兰根的得意门生吴毅远在“瘦西湖”举行婚礼，证婚人是电影《母性之光》导演卜万苍，介绍人则是“瘦西湖”老板韩兰根和殷秀岑。

不过作为咖啡馆，“瘦西湖”的广告有些不伦不类：“瘦西湖，咖啡茶座，苏锡名厨，淮扬细点，火锅上市（鸡肉锅、牛肉锅、猪肉锅、菊

瘦西湖
定價低廉
招待週到
川揚名菜・揚州點心
咖啡茶座・奶油西點
日夜
音樂伴奏
獻・唱
流行歌曲
電話 八八三六七三八二四一

瘦西湖咖啡馆广告

瘦西湖
咖啡茶座
火鍋上市
豬肉鍋
菊花鍋
什錦鍋

「瘦西湖」火锅上市

花锅、什锦锅)。"因此有人认为"瘦西湖"是外里外行。吃客上门,大摇其头,原来样样蹩脚。

石挥虽是话剧界的红人,但后来对演剧生活似乎有些厌倦,也开一个新型咖啡馆,定名"秋海棠",以石挥的名字号召,能使一般的话剧迷趋之若鹜。

梅熹、梅阡是一对电影兄弟,祖父梅成栋是清代著名诗人。抗战胜利后,兄弟俩在吴淞路靠近昆山路的地方开咖啡馆,名叫"梅园",梅熹每天坐镇。

电影演员严俊,有"千面小生"之称。经堂婶周璇推荐给上海国华影片公司,在《新地狱》等影片中饰演角色,后加入上海剧艺社演出话剧。1948 年,他也改行开咖啡馆,有人问,为何?严俊说,拍过电影的人,一切生活情形大多是吊儿郎当惯了,再要寻别的工作相当困难。所以决定在林森路(今淮海中路)一带开咖啡馆。严俊一向烧得好咖啡,同时煮煎咖啡的器皿,亦全部应有尽有。亲戚朋友到他家里去,常是以咖啡待客,吃过他亲煮咖啡的,都表示比普通咖啡的味道好。

除了电影演员以外,体育明星也加入开咖啡馆的行列。如跳水健将汪安祥,在格致公学就学时,就勤于体育锻炼,从不间断,尤其是跳水项目,成绩猛进。1935 年 9 月参加青年会少年游泳赛,以跳水出色引人注目。1938 年 9 月,

明星聚会中的女招待

在上海公开游泳锦标赛中荣获第二。1943 年 9 月在中青体育部主办的全沪华人游泳赛中，获得花式跳水冠军。1948 年 5 月，被选为上海队选手，参加全国运动会的水上表演两项，在决赛时名列前茅，称雄全国。1947 年在南京大戏院东首、中正东路（今延安东路）511 号开设明星咖啡馆。其为适应各界需要，在该馆楼下增开罐头食品部，体育人士前往该店，可享特别优惠。

从孵在咖啡馆到孵出咖啡馆，明星风情万种。咖啡馆生活，亦是他们在人生舞台上的精彩表演。

后记

本人喜欢喝咖啡，每天二三杯。不是源于养生保健之说，而是悦于生活的心情。

习惯的养成，始于二十世纪九十年代初访日时期。那时国内的咖啡馆很少，即使在曾经的国际大都市上海，剩下的也仅有“德大”“凯司令”等几家。而在东京街头，特别是神田、御茶之水一带，咖啡馆多得惊人。日本学者喜欢在咖啡馆约谈，一杯冰水，一杯咖啡，聊天谈事，悠闲自在。此后，每年都有数次的访日活动，咖啡馆是必去之处，不论在都市还是乡野，都能找到温馨的咖啡馆。同样的苦涩味，不同的风土情，经常会一天去好几家。在日本瓷器之乡有田町，一家小咖啡馆有几十种当地产的高级咖啡杯可供客人选择，伴着柔和的音乐，喝着纯粹风味的咖啡，欣赏精美的“有田烧”，那真是文化的享受。其间，也有另类趣事发生，那是在大阪船场町的一家咖啡馆，服务员大妈用特高嗓音，不停地招呼客人，吓得我没喝几口，立马走人。当然，大阪女性的声音是温柔的，这是特例。

近二十年来，作为改革开放窗口的上海，咖啡文化迅速重归，咖啡馆数量激增，近年已超过东京、伦敦、巴黎，成为享誉全球的咖啡之都。咖啡与城市发展融为一体，重新成为海派文化的重要载体，深深融入上海的文化传统中。从各种品牌的连锁店，到各类小而精的独立咖啡店，咖啡的韵味与雅致，体现了城市的温度与魅力。本人喜欢街角咖啡馆，常常在那里观察有行人走过的街景，特别期待夜幕渐蓝的那一刻，当周边的灯火亮起的时候，为都市的烟火气喝彩。蓝色是精神与孤独的颜色，是憧憬与乡愁的色彩。一位画家说过：“人在白天看不见灯光，随着黑暗的来临，我才看见灯火的辉煌。”街角咖啡馆的窗口，亦令人感悟人生。

本书不是咖啡知识的研究与普及，而是上海咖啡文化的历史读物。从大量的第一手资料中，描述咖啡在上海兴起与盛旺的历史，显示上海咖啡文化的多样性与包容性，在全球咖啡店最多的上海，具有历史文化的启示作用。同时，对上海各街区不同咖啡文化进行梳理，突出海派文化的特性，具有浓浓的上海味。例如“上海屋檐下的咖啡摊”一章，仿佛是一段海派咖啡的变奏，变奏之后又回归咖啡原本该有的主题。这段变奏虽不是上海咖啡发展历史上的“华彩乐章”，但却是充满海派特征的“谐谑曲”，小幽默里透着淡淡的无奈和忧伤。又如，书中有不少上海话，充满那个时代的上海“咪道”——“塌足便宜货”“香味稍为退板一眼”等，洋溢着都市咖啡的上海香。

本书由“DP 红砖文化”整体设计，感谢红砖团队对本书的理解。他们的思路是将本书作为咖啡的“伴侣”，作沉浸式阅读设计——

It’s coffee time!
放松时刻，你会把那杯咖啡放在哪里？
质朴的木纹桌上
温暖的织物上
还是“容颜不老”的大理石上

同时，红砖团队还特别设计九枚藏书票，每一章的辑封就是原创的藏书票的效果。藏书票以同时代的版画艺术风格，展现历史与风景的独特魅力；以私人典藏的标记形式，打造个人专属阅读体验；你的《上海咖啡》，你的独家收藏。

原上海文史馆馆长沈祖炜先生一直关注本书的写作与出版，并亲自奔走相关协会，力图作上海咖啡文化的更多推广。沈馆长曾是上海社会科学院经济所所长，曾任黄浦区主管教育文化的副区长十年，是值得敬重的真正懂上海的学者型官员。

本书完稿于今年3月底，全城封控期间，几乎没有写过什么文字，十分惭愧。敬佩上海人民出版社法律与社会读物编辑中心副总监张晓玲和编辑张晓婷在艰难时期依然默默地坚持工作，感谢她们为本书出版所作出的所有努力。

陈祖恩

2022年7月26日

图书在版编目(CIP)数据

上海咖啡:历史与风景/陈祖恩著. —上海:上海人民出版社,2022
ISBN 978-7-208-17782-6

Ⅰ. ①上… Ⅱ. ①陈… Ⅲ. ①咖啡-文化史-上海-1920-1940 Ⅳ. ①TS971.23

中国版本图书馆 CIP 数据核字(2022)第 126650 号

责任编辑 张晓玲 张晓婷
装帧设计 DP 红砖文化
现场摄影 陈祖恩

上海咖啡:历史与风景
陈祖恩 著

出　　版 上海人民出版社
(201101 上海市闵行区号景路 159 弄 C 座)
发　　行 上海人民出版社发行中心
印　　刷 上海雅昌艺术印刷有限公司
开　　本 720×1000 1/16
印　　张 14.75
插　　页 4
字　　数 120,000
版　　次 2022 年 8 月第 1 版
印　　次 2022 年 8 月第 1 次印刷
ISBN 978-7-208-17782-6/G・2114
定　　价 88.00 元